普通高等教育“十二五”规划建设教材

张淑敏 主编

机械设计课程设计指导书

Jixie Sheji Kecheng Sheji Zhidaoshu

中国农业大学出版社
ZHONGGUONONGYEDAXUE CHUBANSHE

内容简介

本书集课程设计指导、简易的设计资料及参考图例于一体，从教学要求出发，按机械设计课程设计的一般步骤进行编写，力求简明、扼要。第一章至第五章为机械设计课程设计指导，包括设计任务分析、总体方案设计、电机选择、传动比分配、装配草图设计、传动零部件设计计算及设计说明书编写；第六章为设计任务；附录包括简易的设计参考资料和设计图例。

图书在版编目(CIP)数据

机械设计课程设计指导书/张淑敏主编.—北京：中国农业大学出版社，2014.9

ISBN 978-7-5655-1053-3

Ⅰ.①机… Ⅱ.①张… Ⅲ.①机械设计-课程设计-高等学校-教学参考资料 Ⅳ.①TH122-41

中国版本图书馆 CIP 数据核字(2014)第 188987 号

书　名　机械设计课程设计指导书

作　者　张淑敏　主编

责任编辑　梁爱荣　　**责任校对**　王晓凤

封面设计　郑　川

出版发行　中国农业大学出版社

社　址　北京市海淀区圆明园西路 2 号　　**邮政编码**　100193

电　话　发行部 010-62818525，8625　　读者服务部 010-62732336

编辑部 010-62732617，2618　　出　版　部 010-62733440

网　址　http://www.cau.edu.cn/caup　　**e-mail**：cbsszs @ cau.edu.cn

经　销　新华书店

印　刷　北京鑫丰华印刷有限公司

版　次　2015 年 1 月第 1 版　　2015 年 1 月第 1 次印刷

规　格　787×1 092　　16 开本　　8 印张　　192 千字

定　价　18.00 元

编 委 会

主　　编　张淑敏

副 主 编　娄秀华　尹丽娟

编写人员　张淑敏　娄秀华　尹丽娟　杨　松　王　伟

前　　言

国家教委制定并实施能以面向21世纪教学内容和课程体系改革为重点的高等教育改革计划，意在各高校全面实施，旨在树立素质教育观念、提高教育质量。为进一步响应该计划，编写了本指导书。

创新设计是所有专业训练的核心，设计不是单纯的技术工具或一般教学环节，是人类建设未来的主动思维和创造行为。为此，本书强调创新设计训练，加强了方案设计部分，引进创新意识、分析综合、评价判断等素质要素的培养，注重设计思路和设计方法的指导及设计能力的培养。

考虑到学生的课程设计需要的手册不能人手一册，本指导书编入了有关的标准、设计资料和参考图例等，上述资料尽量采用最新国标、最近颁布的较成熟的数据和规范，便于使用。

本书集课程设计指导、简易的设计资料及参考图例于一体，从教学要求出发，按机械设计课程设计的一般步骤进行编写，力求简明、扼要。第一章至第五章为机械设计课程设计指导，包括设计任务分析、总体方案设计、电机选择、传动比分配、装配草图设计、传动零部件设计计算及设计说明书编写；第六章为设计任务；附录包括简易的设计参考资料和设计图例。

本书以中国农业大学为主编写，第一章和第二章由娄秀华编写；第三章和第六章由尹丽娟编写；第四章由杨松编写；第五章和附录由王伟编写。全书由张淑敏统稿。

本书编写过程中程晨、王文辉、胡奎、焦磊给予了大力的帮助，在此表示感谢。

本书可供高等院校机械类和近机类专业机械设计课程设计使用。

限于编者水平，书中错误和不妥之处，恳请广大读者批评指正。

编　者

2014年6月于北京

目　录

第一章　概述

第一节　课程设计的目的

日趋激烈的国际竞争是以经济和技术为基础的综合国力的较量，实际上是人才的竞争，是21世纪人才的竞争。21世纪的工程技术人才，他们应是具有坚实的专业基本知识与技能，受过严格的基本工程训练，有较宽的工程技术知识和丰富的现代自然科学、人文社会科学知识，富有协作精神，能创造性地解决现代工程问题的一代新人。创造性人才、适应性人才将是我国在21世纪所依赖的人才。

两院院士路甬祥撰文谈工程教育改革时指出，设计不是单纯的技术工具（翻手册套公式、画工程图），也不仅是教学计划中一般的实践环节，应当把它理解成人类创造未来的主动思维和创造行为。机械工业的前辈沈鸿先生谈到设计时说：设计就是想办法，是对新东西的预计，是创造新东西。可见，创造性的思维和创新行为，是设计的灵魂。不仅如此，江泽民同志在全国科技大会的讲话中强调，“创新是一个民族进步的灵魂，是国家兴旺发达的不竭的动力”。

创新能力来源于扎实的理论基础和缜密而敏捷的思维。实践是创造的前提，是不断经历失败的过程。在实践中，人们才懂得什么是探索，什么是前进。没有实践的洗礼，便不可能使21世纪人才具有足够的心理承受力和不屈的进取精神。

实践、理论修养、计算机能力是21世纪人才必备的知识结构，理论修养是基础，实践是前提，计算机能力是手段，缺一不可。

“机械设计”是一门技术基础课。其“课程设计”是机械设计课程最后一个重要的实践性环节，也是工科院校机类和近机类专业学生在校期间第一次较全面的机械设计能力综合训练，在实现学生总体培养目标中占有重要地位。

课程设计的主要目的是：

（1）通过课程设计的实践，培养和训练学生主动思维、自主获取知识以及创造性设计能力。起到巩固、深化、融会贯通及拓展有关机械设计方面知识的作用，树立正确的设计思想。

（2）培养和训练学生综合运用机械设计课程及有关先修课程的理论知识和生产实践知识分析和解决工程实际问题的能力，并通过实际设计训练，使所学知识得以巩固和提高。

（3）使学生掌握机械零件、机械传动装置或简单机械的一般机械设计的基本方法和程序。为后续课程的学习和实际工作打基础。

（4）进行机械设计的基本技能训练，包括训练计算、绘图能力，熟悉和运用设计资料（如标准、规范等）以及计算机辅助设计（CAD），使学生熟悉设计资料（手册、图册等）的使用，掌握经验估算等机械设计的基本技能。

第二节　课程设计的基本要求和内容

“机械设计”的课程设计通常选择一般用途的机械传动装置作为设计对象，设计任务可以是教师指定的题目，也可以自选题目。

一、课程设计的内容

(1)传动装置的总体设计。

(2)传动件和支承件的设计计算。

(3)传动装置装配图及零件工作图的设计。

(4)设计计算说明书的编写。

二、课程设计的基本要求

课程设计一般选择机械传动装置或简单机械作为设计题目，具体要求包括以下几方面：

(1)根据机器功能要求，制定设计方案，合理地选择原动件(如电动机)、传动机构和零部件。

(2)根据工况分析和计算作用在零件上的载荷，合理选择材料，正确计算零件工作能力，确定传动零件的主要参数和尺寸。

(3)充分考虑加工工艺、安装与调整、使用与维护、经济和安全等问题对机器和零件进行结构设计。

(4)设计的图纸视图投影正确，符合制图标准；尺寸公差标注正确，技术要求合理。

(5)掌握应用计算机绘图的能力。

第三节　课程设计的步骤

课程设计是在教师指导下，由学生独立完成的。它是一次较全面、较系统地机械设计训练，设计步骤如下：

(1)设计准备。认真分析研究设计任务书，明确课程设计的方法和步骤，认真阅读相关参考资料，观看教学录像，拆装相应的传动装置，从而熟悉设计对象，初步拟订设计计划。

(2)传动装置的总体设计。根据设计要求，同时参考比较其他同类机型的设计方案，选择拟订传动装置总体布置方案；选择原动机及其类型和型号；确定总传动比和各级分传动比；计算传动装置的运动和动力参数。

(3)传动装置的主要零件设计计算。通过设计计算确定各级传动零件的主要参数和尺寸，一般包括带传动、链传动、齿轮传动、蜗杆传动等。

(4)装配草图的设计。装配草图设计作为整个设计工作中的重要阶段，必须综合考虑零件的强度、刚度、制造工艺、装配、润滑等各方面的要求，设计内容主要包括支承件的选择、轴系零部件的设计计算、箱体和附件的设计。

(5)传动装置装配工作图的结构设计及绘制。装配图应当清晰准确地表达减速器整体结构、所有零件的形状和尺寸、相关零件间的连接关系。还要表示出各个零件的装配和拆卸次序及其调整和使用方法。

(6)零件工作图的设计和绘制。主要的零件工作图有齿轮和轴等,其尺寸和公差标注及技术要求应完整。齿轮零件工作图还应有齿轮公差表。

(7)整理和编写设计计算说明书。说明书应按要求编写,包括文字叙述、设计计算过程和必要的简图等。

(8)课程设计总结和答辩。

第四节 课程设计中的注意事项

课程设计是学生第一次较全面的设计活动,了解和正确处理设计中的一些问题,对于较好地完成设计任务和培养正确的设计思想是十分必要的。设计的全过程中,应注意以下几点。

一、继承已有资料和创造性设计相结合

机械设计是建立技术系统的创造性的活动过程。在设计中,既不能脱离前人长期经验的积累凭空想象,又不能闭门创新。应从具体的设计任务出发,充分利用已有的设计技术资料,认真分析现有设计的特点,进行更充实和完善的设计。因此,设计必须是创造,这种创造可能有大小和程度上的不同,比如有的从机械系统的功能、工作原理到结构都是新的,有的只是在局部进行创造性的改革。而复制现有的产品不能认为是设计。设计过程是创造性思维的过程,是积极主动、独立思维的过程,是独立获取知识、发展自己能力的过程。

设计是复杂、细致、艰苦的劳动,任何一项设计都不可能脱离前人的长期经验积累而空想出来,熟悉并善于利用各种技术资料,是设计人员工作能力的又一重要体现,正确利用已有的资料,既可以避免许多重复的工作,加快设计进程,又可避免出现不必要的错误提高设计质量。善于继承和发扬前人的设计经验和长处,又敢于提出设计问题、勇于创新,是设计人员必备的素质。

二、必须满足社会要求

任何一项设计只需要满足技术系统的性能、寿命、工作条件等要求,这是工业初期阶段的标准,在进入21世纪的今天是绝对不够的。现代社会要求的产品必须同时拥有较高的经济技术价值和良好的社会效益,要求在激烈的市场竞争中立于不败之地。因此,在设计的全过程中,要密切结合生产实际,积极采用新技术、新工艺、降低成本、提高效率;要具有现代文明意识,注意到资源的回收、节约能源和保护环境;还要具有政策法规、社会公德、文化习俗方面的知识,以提高设计质量。

三、正确区分和应用设计中遇到的三类公式

1. 强度条件公式

强度条件公式是指由强度条件所导出的计算公式。在机械设计中,由这类公式算出的尺寸是必须保证的零件最小尺寸,而不一定是零件的最后尺寸。在保证最小尺寸的条件下,还需

全面考虑零件的加工、装配、使用、经济性等因素后，才能最后定出零件的实际尺寸。所以，强度条件公式是不等式，是必须满足的条件。

2. 几何关系式

几何关系式是指由几何关系所导出的计算公式。这类公式是恒等式，由它所算出的尺寸是不能随便改动的。若要改动，则其他参数必须作相应的改变，这样才能保持恒等式关系，例如，齿轮分度圆直径由公式 $d=m\times z=2.75\times 23=63.25$ mm 算出的数据，不能随意将小数圆整。

3. 经验公式

经验公式是指由大量实践经验中总结出来的近似关系式。在机械设计中，由上述强度条件公式和几何关系式计算出的数据，仅是零件的少数几个主要尺寸。而其余大部分结构尺寸，由于外形、受力和变形情况复杂，很难用精确计算得到，因此，就用经验公式近似地确定。例如，减速器箱体加强筋的厚度尺寸。

由于经验公式是经过长期生产实践考验的，应当尊重它，同时也绝对不能教条地把它算出的数据看作一成不变，应根据工艺、结构、工作条件等做适当圆整。

四、正确处理理论计算、结构设计和工艺要求的关系

机械零件的尺寸如上述不可能完全由理论计算确定，而应综合考虑零件结构、加工、装配、经济性和使用条件等要求。例如，在进行结构设计时，轴的尺寸要综合地考虑轴上零件的装拆、调整和固定以及加工工艺要求，并进行强度校核计算，才最后确定。因此，在设计过程中，设计计算和结构设计是相互补充、交替进行的。应贯彻“边计算、边画图、边修改”这种“三边”设计方法。产品的设计需要经过多次反复修改才能得到较高的设计质量。设计既不能被理解为计算结果不可更改的纯粹的理论计算，也不能简单地从结构和工艺要求出发，毫无根据地确定零件尺寸。

五、正确使用标准和规范

在设计工作中，要遵守三化原则，即标准化、系列化和通用化。以减轻设计工作量、缩短设计周期。正确运用国家有关标准和行业规范，有利于提高零件的互换性和加工工艺性，同时也可以节省设计时间，是评价设计质量优劣的一项重要指标之一。例如，设计中采用的滚动轴承、带、链条、联轴器、密封件和紧固件等，其参数和尺寸必须严格遵守国家标准规定。此外，图纸的幅面及格式、比例、线形、字体、视图表达、尺寸标注等要严格遵守机械制图的国家标准，同时，还要视图表达正确、清晰，图面整洁，设计说明书要求正确无误，书写工整清晰。

六、设计者的态度

课程设计是一项非常复杂，细致的工作过程，要求设计者具有独立思考、认真严谨、精益求精的工作态度。不能照抄照搬，要分析每一个参数选择的原因或标准规范使用的合理性。设计工作中，如果出现错误，应及时更正，尤其对于一个初步设计者，即使设计中出现了一个小错误，都应该认真分析其错误原因和如何正确设计等。所以，每一阶段的工作任务，都要认真检查，避免因为错误而影响下一阶段的设计工作。

第二章　传动装置的总体设计

第一节　总体方案设计

传动装置的总体设计，主要包括拟订传动方案、选择原动机、确定总传动比和各分传动比以及计算传动装置的运动和动力参数，为各级传动零件的设计及装配图设计做准备。

机器通常由原动机（电动机、内燃机等）、传动装置和工作机三部分组成，传动装置位于原动机和工作机中间，将原动机的动力和运动传递给工作机。其具备减速或增速、改变运动形式及运动和动力分配的作用。传动方案是否合理，将直接影响机械的技术性能、成本及其结构尺寸，因而，设计传动装置是整部机器设计工作中的重要一环。而合理地拟订传动方案又是保证传动装置设计质量的基础。

一、传动方案的要求

(1)传动方案首先应满足工作机的性能要求，如所传递的功率大小、转速高低和运动方式等。

(2)传动方案应满足工作条件的要求，如工作环境、场地大小和工作时间等。

(3)传动方案应满足的其他要求，如结构简单、尺寸紧凑、加工装配方便、传动效率高、成本低廉和操作维护方便等。

为保证传动装置的工作质量和可靠性，要同时满足上述要求往往比较困难，因此，设计时要通过分析比较多种传动方案，选择其中最能满足众多要求的合理传动方案，统筹兼顾，同时突出重点要求，最终确定传动方案。

传动方案一般由运动简图表示。它直观地反映了原动机、传动装置和工作机三者间的运动关系、动力传递路线及连接关系。

二、传动方案示例

图 2-1 所示为矿井运输用带式运输机的五种传动方案。

方案一采用一级带传动和一级闭式齿轮传动，带传动放置于高速级，传动平稳，有缓冲吸振和过载保护的优点。但结构尺寸较大，而且带传动不适宜繁重的工作要求和恶劣的工作环境。

方案二采用二级闭式齿轮传动，这种方案结构尺寸小，传动效率高，能适应在繁重和恶劣的环境条件下，而且能长期工作，使用安装及维护也方便。

方案三采用一级蜗杆传动，结构紧凑，但蜗杆传动效率低，能量损耗大，不适宜于长期连续的场合下工作。

方案四采用一级闭式齿轮传动和一级开式齿轮传动，成本较低，但使用寿命较短，也不适宜于较差的工作环境。

方案五采用一级锥齿轮和一级斜齿轮传动，这个方案适合在狭窄的通道中工作，宽度尺寸较小，传动效率较高，也适应于恶劣环境下长期工作，但圆锥齿轮加工比圆柱齿轮加工困难，成本较高。

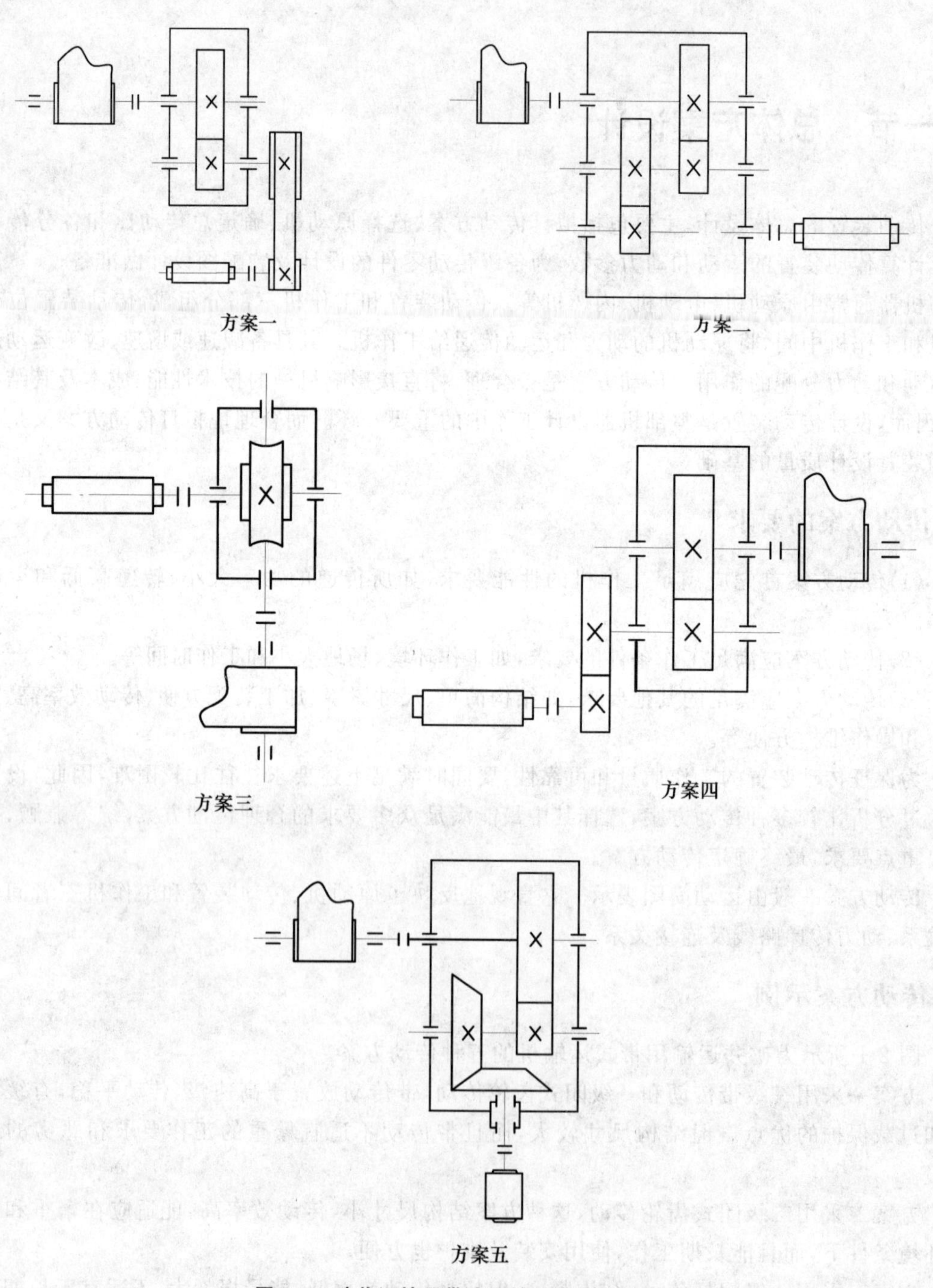

图 2-1 矿井运输用带式运输机的传动方案

这五种方案都能满足带式运输机的工作要求，但结构尺寸、性能指标等都各有特点，适用于不同的工作场合，设计时要根据工作条件和设计要求选择较好的传动方案。

在多种传动方案中，圆柱齿轮传动因其传动效率较高，结构尺寸较小，所以应用较广。当输入轴和输出轴运动平面之间有一定角度时，可考虑采用圆锥—圆柱齿轮传动；对于传动比比较大的场合，可采用蜗杆传动。开式齿轮传动因其磨损较严重，一般不宜采用。

三、传动装置的布置与选用基本原则

当需要选用多级传动形式时，各传动机构的布置顺序不仅影响传动的平稳性和传动效率，而且对整个传动装置的结构尺寸也有很大的影响。所以，应合理安排各传动机构的顺序，多级传动布置的基本原则如下：

(1)带传动承载能力较低，但传动平稳，噪声小，并有吸收振动和过载保护的作用，宜布置在高速级。链传动瞬时速度不均匀，有冲击，宜布置在低速级。常用传动机构的性能和适用范围见表 2-1，仅供参考。

表 2-1　传递连续回转运动常用机构的性能和适用范围

选用指标	传动机构						
	平带传动	V 带传动	摩擦轮传动	链传动	齿轮传动		蜗杆传动
功率/kW (常用值)	小 (≤20)	中 (≤100)	小 (≤20)	中 (≤100)	大 (最大达 50 000)		小 (≤50)
单级传动比					圆柱	圆锥	
(常用值)	2～4	2～4	5～7	2～5	3～5	2～3	10
(最大值)	6	15	15～25	10	10	6～10	80
传动效率	中	中	中	中	高		低
许用的线速度/(m/s)	≤25	25～30	15～25	≤40	6 级精度 直齿≤18 非直齿≤20 5 级精度达 100		15～35
外廓尺寸	大	大	大	大	小		小
传动精度	低	低	低	中等	高		高
工作平稳性	好	好	好	较差	一般		好
自锁能力	无	无	无	无	无		可有
过载保护作用	有	有	有	无	无		无
使用寿命	短	短	短	中等	长		中等
缓冲吸振能力	好	好	好	中等	差		差
要求制造及安装精度	低	低	中等	中等	高		高
要求润滑条件	不需	不需	一般不需	中等	高		高
环境适应性	不能接触酸、碱、油类、爆炸性气体		一般	好	一般		一般

注：(1)行星齿轮机构指标未列入本表，可根据不同形式查阅机械设计手册。

(2)传递连续回转运动，尚可采用双曲柄机构(一般为不等角速度)、万向联轴器(传递相交轴运动)。

(2)蜗杆传动效率低，但传动平稳，其承载能力较齿轮传动的承载能力低，当与齿轮传动同时应用时，宜布置在高速级，以减小尺寸。

(3)圆锥—圆柱齿轮传动，圆锥齿轮传动宜布置在高速级，以减小大圆锥齿轮的尺寸，因大锥齿轮的加工设备较少，加工制造较困难，同时应注意圆锥齿轮的运动精度较圆柱齿轮低些。

(4)对于开式齿轮传动，由于其工作环境较差，润滑不良，为减少磨损，宜布置在低速级。

(5)斜齿轮传动运动比较平稳，承载能力强，可布置在高速级。

(6)带传动、链传动与箱体的相对空间位置，将影响输入、输出端轴承的受力大小，应遵循最小受力原则。

(7)当一轴上同时装有两个齿轮(如斜齿轮、斜齿轮—锥齿轮、蜗轮—斜齿轮等)时，应合理安排使该轴所受轴向力最小，即遵循力的自平衡原则。

在机械传动装置中，由于减速器结构紧凑、传动效率高、准确可靠、使用维护方便等，所以其应用很广。表2-2列出减速器的主要类型和特点，供方案设计时参考。

表 2-2 减速器的主要类型和特点

减速器类型		简图及其特点
一级圆柱齿轮减速器	单驱动	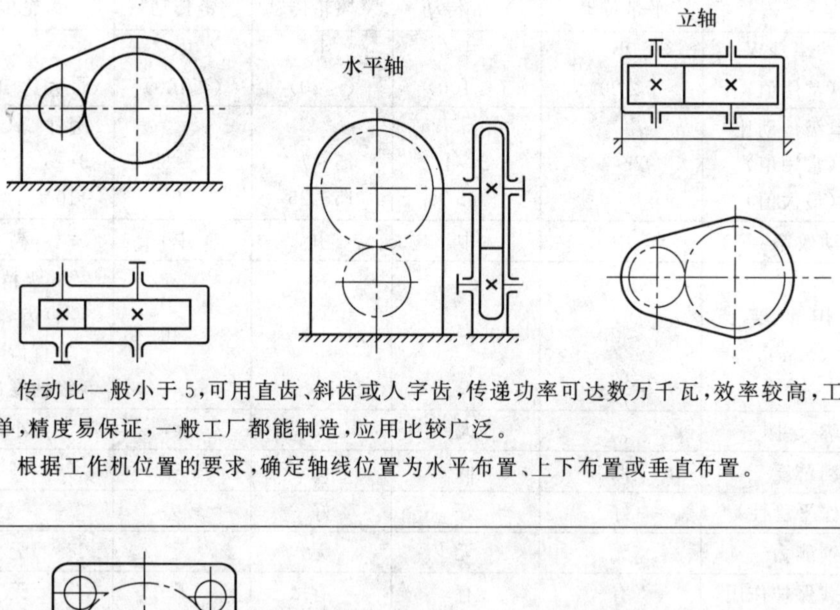 水平轴　立轴 传动比一般小于5，可用直齿、斜齿或人字齿，传递功率可达数万千瓦，效率较高，工艺简单，精度易保证，一般工厂都能制造，应用比较广泛。 根据工作机位置的要求，确定轴线位置为水平布置、上下布置或垂直布置。
	双驱动	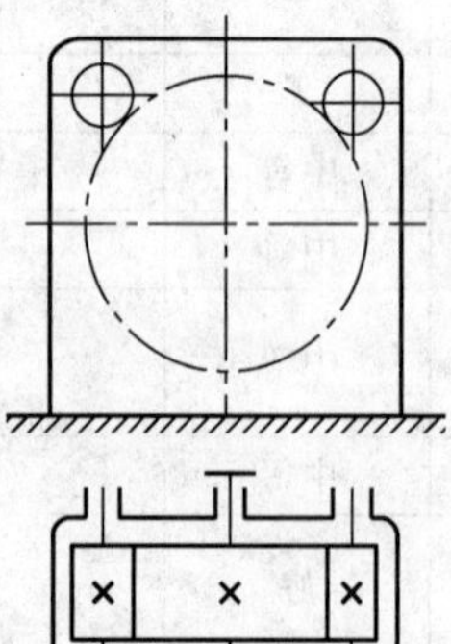 有两根输入轴，由两个小齿轮同时带动大齿轮，每对齿轮传递总功率的1/2，常用于大功率设备(如船用减速器、水泥磨减速器等)。

续表 2-2

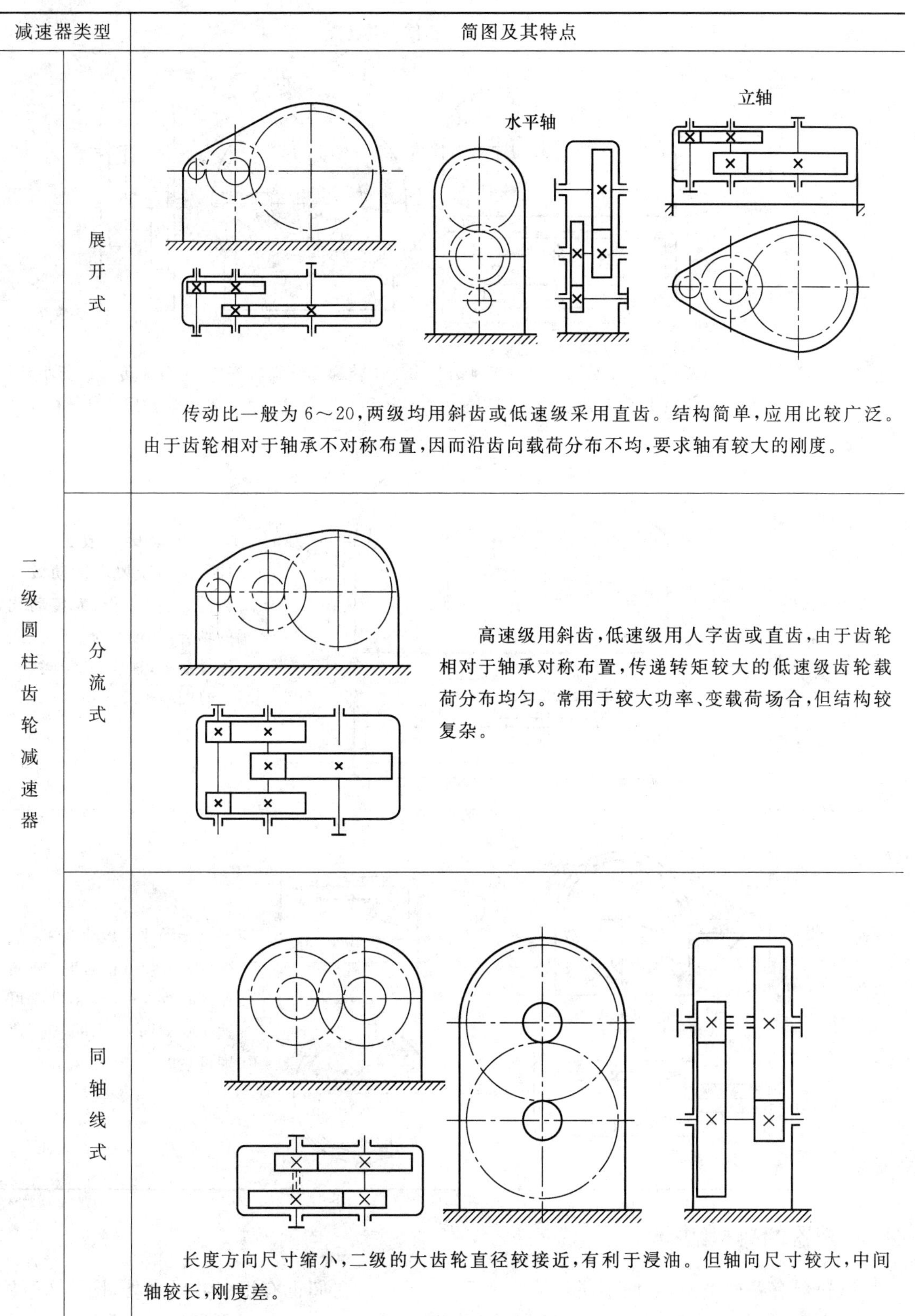

减速器类型		简图及其特点
二级圆柱齿轮减速器	展开式	水平轴　立轴 传动比一般为 6～20，两级均用斜齿或低速级采用直齿。结构简单，应用比较广泛。由于齿轮相对于轴承不对称布置，因而沿齿向载荷分布不均，要求轴有较大的刚度。
	分流式	高速级用斜齿，低速级用人字齿或直齿，由于齿轮相对于轴承对称布置，传递转矩较大的低速级齿轮载荷分布均匀。常用于较大功率、变载荷场合，但结构较复杂。
	同轴线式	长度方向尺寸缩小，二级的大齿轮直径较接近，有利于浸油。但轴向尺寸较大，中间轴较长，刚度差。

续表 2-2

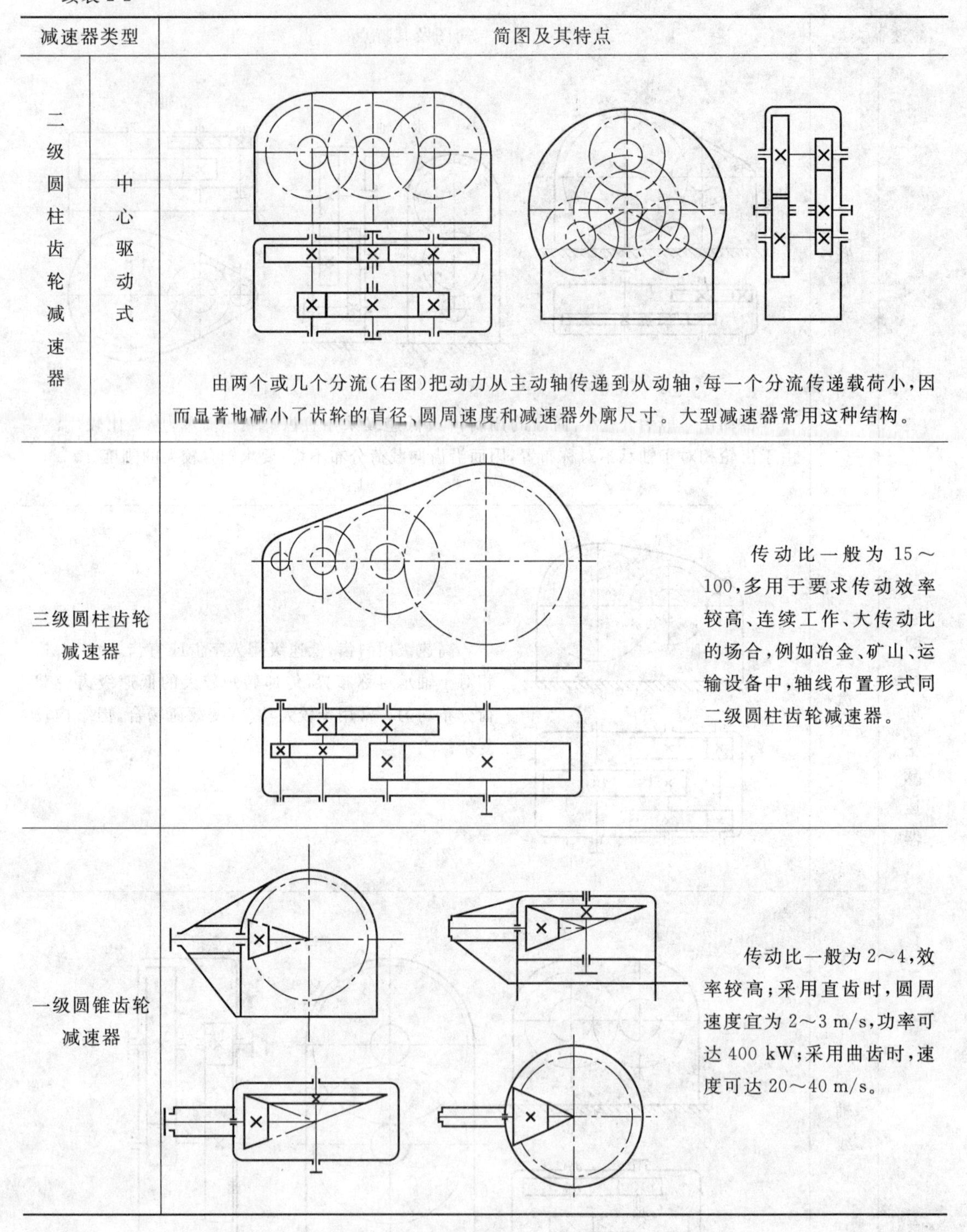

减速器类型		简图及其特点
二级圆柱齿轮减速器	中心驱动式	由两个或几个分流(右图)把动力从主动轴传递到从动轴，每一个分流传递载荷小，因而显著地减小了齿轮的直径、圆周速度和减速器外廓尺寸。大型减速器常用这种结构。
三级圆柱齿轮减速器		传动比一般为 15～100，多用于要求传动效率较高、连续工作、大传动比的场合，例如冶金、矿山、运输设备中，轴线布置形式同二级圆柱齿轮减速器。
一级圆锥齿轮减速器		传动比一般为 2～4，效率较高；采用直齿时，圆周速度宜为 2～3 m/s，功率可达 400 kW；采用曲齿时，速度可达 20～40 m/s。

四、减速器的典型结构

减速器有各种类型，类型不同其结构也不尽相同，但它们也有很多共同之处，图 2-2 至图 2-4 是三种典型的减速器，有一些共同的要素在设计时其要求也是相同的。

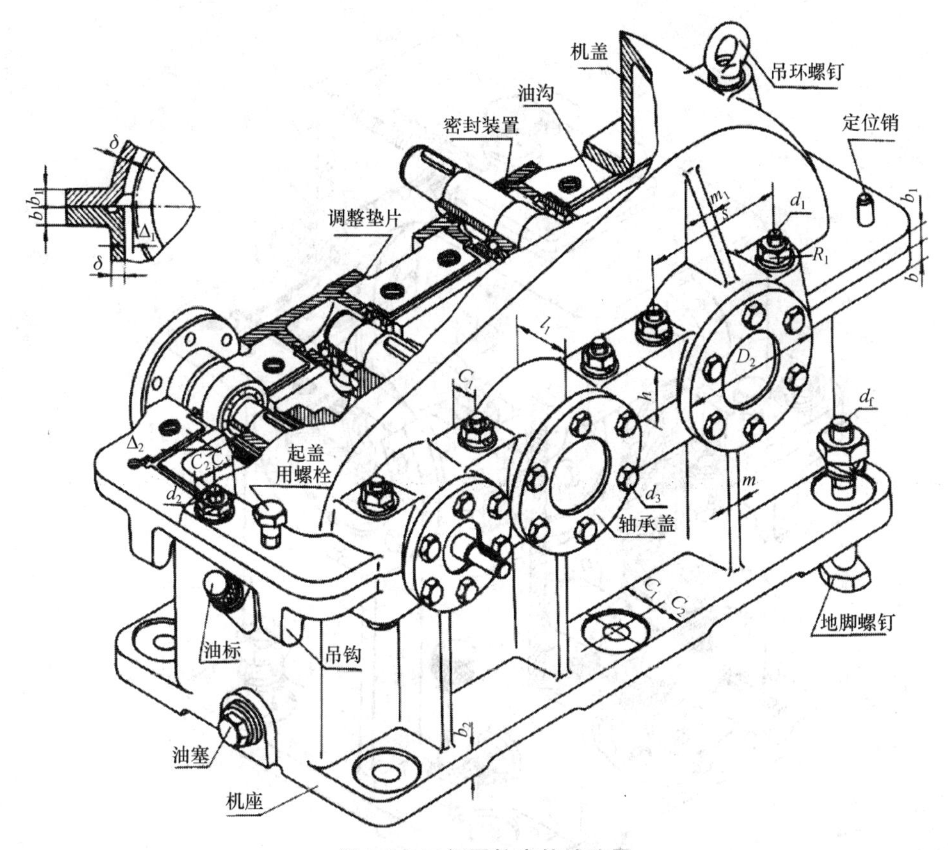

图 2-2 二级圆柱齿轮减速器

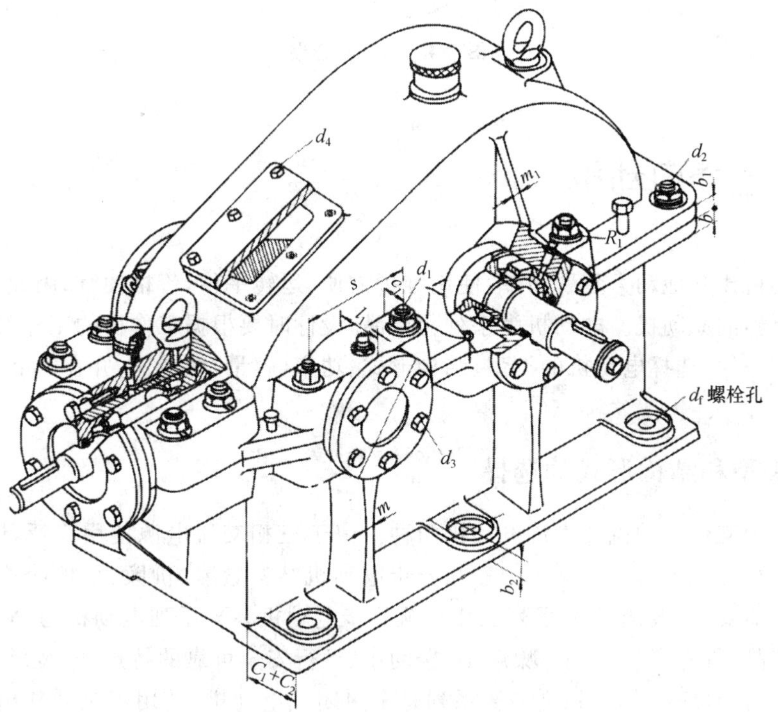

图 2-3 圆锥—圆柱齿轮减速器

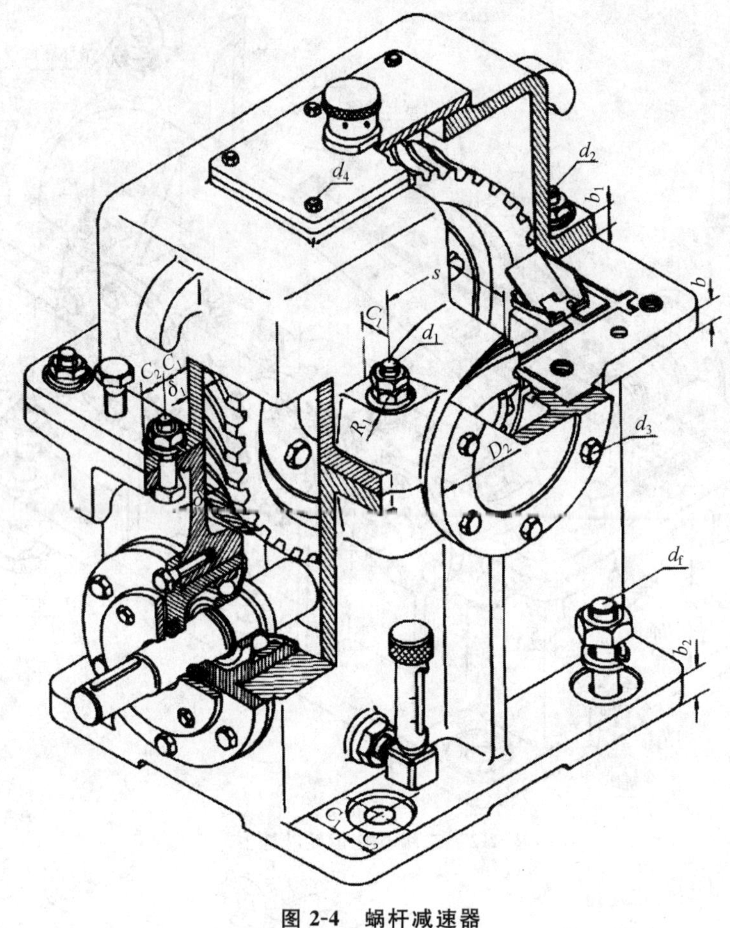

图 2-4　蜗杆减速器

第二节　选择电动机

由于电动机比其他动力装置简单、使用维护方便、运转平稳，价格便宜，因此一般尽量使用电动机作为机器的原动机。电动机为系列化产品，设计时要根据工作机的工作特性、工作环境和工作载荷等条件，选择电动机的类型、结构形式、功率（容量）和转速，并在产品目录中选出其具体型号和尺寸。

一、电动机类型和结构形式的选择

电动机分为交流电动机和直流电动机两种。由于三相交流电源使用广泛，因此无特殊要求时均采用三相交流电动机。又由于三相异步电动机结构紧凑、价廉、维护简单，因此应用广泛。如无特殊需要，一般选用 Y 系列三相交流异步电动机。Y 系列电动机为 20 世纪 80 年代的更新换代产品，具有高效、节能、噪声小、振动小、运行安全可靠的特点，安装尺寸和功率等级符合国际电工协会（IEC）标准系列。Y 系列是全封闭式电动机，适用于驱动常用机械设备，如农业机械、泵、风机、运输机械、食品加工机械等。

二、选择电动机的容量

电动机的容量(功率)选得合适与否,对电动机的工作和经济性都有影响。容量选择过小,小于工作要求,就不能保证工作机的正常工作,或使电动机长期过载而过早损坏;容量过大则电动机价格高,能力又不能充分利用,由于经常不在满载下运行,效率和功率因数都较低,增加电能消耗而造成能源浪费。

电动机的容量主要根据电动机运行时发热条件决定。对于载荷比较稳定、在不变(或变化很小)载荷下长期连续运行(即不是工作时间短、停歇时间较长或重复短时运行)的机械,通常按照电动机的额定功率选择,要求所选电动机的额定功率 P'_e 等于或稍大于所需电动机的工作功率 P_W,即 $P'_e \geqslant P_W$,电动机不会过热,通常可不必校验发热和起动力矩。所需电动机的额定功率为:

$$P'_e = P_W / \eta_s \tag{2-1}$$

式中:P_W 为工作机所需功率,指输入工作机轴的功率(kW);η_s 为电动机与工作机之间传动装置的总效率。

根据 P'_e 值可从设计手册中选取额定功率 P_e 与之相近的电动机,通常为 $P_e \geqslant P'_e$ 即可。工作机所需工作功率 P_W,应由机器的工作阻力和运动参数计算求得:

$$P_W = FV/1\,000 \tag{2-2}$$

或

$$P_w = Tn_W/9\,550 \tag{2-3}$$

其中:F 为工作机的阻力(N);V 为工作机的线速度(m/s);T 为工作机的阻力矩(N·m);n_W 为工作机的转速(r/min)。

传动装置的总效率按下式计算:

$$\eta_S = \eta_1 \times \eta_2 \times \eta_3 \times \cdots \times \eta_n \tag{2-4}$$

其中:η_1、η_2、η_3、η_n 分别为传动装置每一传动副(齿轮、蜗杆、带或链)、每对轴承或每个联轴器的效率,其数值可由表 2-3 中查取或按手册选取。

表 2-3　常用机械传动和摩擦副的效率简表

类别	传动效率	类别	传动效率
圆柱齿轮传动	闭式(油润滑):0.96~0.99(6~9 级精度)	带传动	平带:0.95~0.98
	开式(脂润滑):0.94~0.96		V 带:0.94~0.97
圆锥齿轮传动	闭式(油润滑):0.94~0.98(6~8 级精度)	滚子链传动	闭式:0.94~0.97
	开式(脂润滑):0.92~0.95		开式:0.90~0.93
蜗杆传动	自锁(油润滑):0.40~0.45	滚动轴承	0.98~0.99
	单头(油润滑):0.70~0.75	滑动轴承	润滑不良:0.94~0.97
	双头(油润滑):0.75~0.82		润滑良好:0.97~0.99
	三头和四头(油润滑):0.80~0.92	联轴器	弹性联轴器:0.99~0.995
	环面蜗杆传动(油润滑):0.85~0.95		齿式联轴器:0.99

其他运行状态下电动机容量的选择方法可参阅有关电力传动和电动机的资料。计算总效率时应注意的问题：

(1)轴承的效率是指一对轴承的效率。所取传动副的效率一般不包括其支承轴承的效率。

(2)表中推荐的效率值是一个范围，具体取值要根据传动副、联轴器和轴承等的工作条件和精度选取。工作条件差，加工精度低，润滑不良时取小值，反之取大值，一般取中间值。

(3)蜗杆传动的效率设计时先初估蜗杆头数，初选其效率值，当蜗杆材料和传动参数确定后再精确地计算效率，并校核传动效率。

三、确定电动机的转速

容量相同的同类型电动机，可以有不同的转速。如三相异步电动机常用的有四种同步转速，即 3 000、1 500、1 000、750 r/min。低转速电动机价格高，外廓尺寸及重量都较大，但传动装置的总传动比小，传动链短，制造成本降低。高转速电动机则反之。因此确定电动机转速时，应进行综合分析比较，选择合适的电动机转速。

在课程设计中常选用同步转速为 1 500、1 000 r/min 两种电动机，如无特殊要求，一般不选用 750、3 000 r/min 的电动机。

为使传动装置设计合理，可以根据工作机转速要求和各传动副的合理传动比范围推算电动机转速的可选范围。应该注意的是，设计传动装置时按电动机的额定功率(即满载功率)计算。根据选定的电动机类型、结构、转速计算出所需电动机容量后，即可在电动机产品目录或设计手册中查出其型号、性能参数和主要尺寸。并将其型号、性能参数、安装尺寸等记录备用。

第三节　传动装置总传动比的确定及各级传动比的分配

一、传动比的确定

当电动机选定后，根据电动机的满载转速 n_E 和工作轴所要求的转速 n_W 就可确定传动系统的总传动比 i_s 为

$$i_s = n_E / n_W$$

总传动比 i_s 是传动系统中各级传动比 i_1、i_2、i_3、$i_4 \cdots i_n$ 的连乘积，即

$$i_s = i_1 i_2 i_3 i_4, \cdots, i_n \tag{2-4}$$

由此就出现了速比的分配问题，也就是如何把总传动比 i_s，合理地分配到每一级传动中去。这是总体设计中的又一个重要问题。它将直接影响到传动装置的外廓尺寸、重量、润滑状况、成本、结构的合理性和工作能力等。目前仍无统一的速比分配方法，但有下列原则可供参考：

(1)使各级传动的传动比一般应在常用值范围内，不能超过所允许的最大值。以符合各种传动形式的特点，并使结构紧凑。传动装置的最大传动比见表 2-1。

(2)使各级传动具有较小的外廓尺寸和较小的质量。

(3)在二级或多级的齿轮减速器中,各级传动大齿轮的浸油深度大致相等,以利于实现统一的浸油润滑。

(4)使整个传动系统的结构匀称、紧凑,避免各零件间发生干涉及安装不便。如由V带传动和齿轮传动组成的传动装置,V带传动的传动比不能过大,否则会使大带轮的半径超过减速器的中心高度,造成尺寸不协调,并给机座设计和安装带来不便。

如图2-5所示的二级圆柱齿轮减速器的两种传动比分配方案,均满足总传动比的要求,但是在总传动比和中心距相同的条件下,方案一比方案二具有较小的外形尺寸。而且高、低速二级大齿轮直径相近,高速级大齿轮得到了良好的润滑。

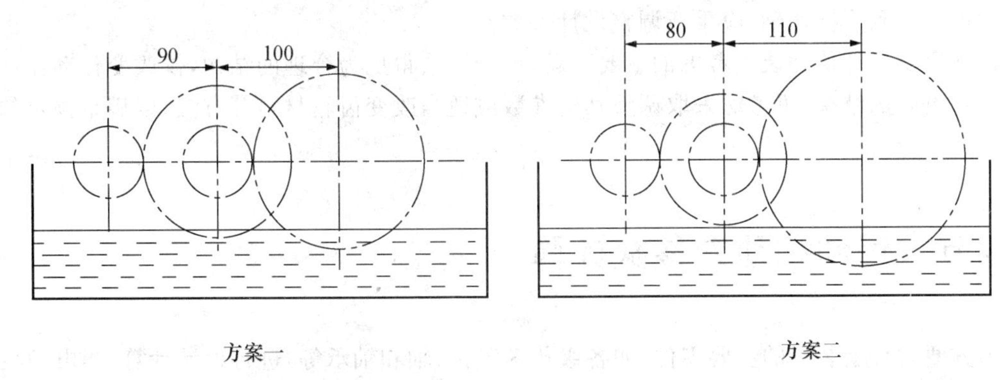

图2-5　二级圆柱齿轮减速器的两种传动比分配方案

在工程实际中大量使用非标准减速器,设计此类减速器时,可按上述原则自行分配传动比,但很难同时满足这些原则,因此在设计时应多拟出几个速比分配方案,以利于对比选择,最后确定一个比较合理的方案。

二、非标准减速器传动比分配建议(供参考)

(1)对于减速器和外部传动机构组成的传动装置,要保证减速器和外部传动机构的尺寸协调、结构匀称。如V带—齿轮传动的传动装置,如果带传动的传动比过大,可能导致大带轮过大,造成安装困难,甚至与安装基础干涉,一般应使$i_{带}<i_{齿}$,以使整个传动装置的尺寸较匀称。

(2)对于展开式二级圆柱齿轮减速器,当两级齿轮的材质相同、热处理方式相同、齿宽系数相等时,为使两个大齿轮的浸油深度大致相近,应使两个大齿轮具有相近的直径。为此推荐:$i_1=(1.2\sim1.3)i_2$。式中i_1、i_2分别为减速器高速级和低速级的传动比,推荐值不是最终结果,它受齿轮的材料、齿面硬度、齿宽系数及齿轮齿数、模数等多因素影响,为使得两级大齿轮直径相近,应对传动比、齿轮的材料、热处理方式、齿面硬度、齿宽系数、齿数和模数等作综合考虑。最后确定一个较为合理的方案。

(3)对于二级同轴式圆柱齿轮减速器,两级传动比可取为$i_1=i_2$,若二级齿轮材质相同,热处理方式相同,以等强度考虑,则高速级齿宽系数约为低速级的$1/\sqrt{i}$。为避免高速级齿宽过窄,确定低速级齿轮的尺寸时,可以适当增大齿宽系数,或者从结构要求出发,适当增大高速级齿宽。

(4)对于圆锥—圆柱齿轮减速器,为使大圆锥齿轮的尺寸不能过大,以免制造困难,一般应使高速级圆锥齿轮的传动比$i_{锥}=3\sim4$,或取$i_{锥}=0.25i_s$,式中i_s为减速器的总传动比。

(5)对于蜗杆—齿轮减速器,可取 $i_{齿}=(0.03-0.06)i_s$。

以上传动比只是初步分配,实际传动比应在确定各级传动零件的参数后才能有最终结果。因此,总传动比的实际值与理论值肯定会有误差存在,它会导致工作速度的误差,应控制在设计任务书中所要求的范围内。对于一般机械,允许实际传动比与理论上传动比的相对误差为±(3%～5%)。还应指出的是,设计当中,如果出现了零件的干涉现象,如图 2-6 所示,高速级大齿轮碰到了低速轴,应重新调整设计参数。

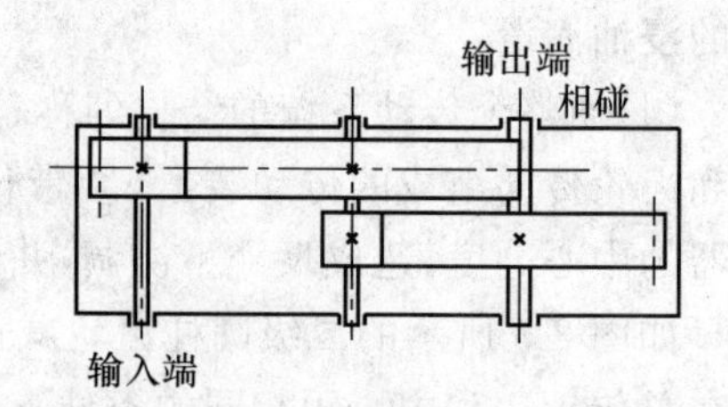

图 2-6　高速级大齿轮与低速轴相碰

传动比是设计传动装置考虑的重要问题,但为了获得更为合理的结构,仅改变传动比往往不能得到更好的结果,可考虑采取调整其他参数或适当改变齿轮材料等方法,以满足预定的设计要求。

第四节　运动和动力参数计算

为方便对传动装置的主要零件(如各级传动零件、轴和轴承等)进行设计计算,当电动机额定功率 P_e、电机转速 n_E、各级传动比分配、各级传动效率确定后,即可计算出各轴的转速 n、功率 P 和转矩 T,并列成表格。计算时,可先将各轴从高速轴至低速轴依次编号,如Ⅰ轴,Ⅱ轴,Ⅲ轴……,再按顺序逐级计算。以带式运输机的传动装置为例,如图 2-7 所示(图上加轴的编号Ⅰ、Ⅱ、Ⅲ、Ⅳ)。

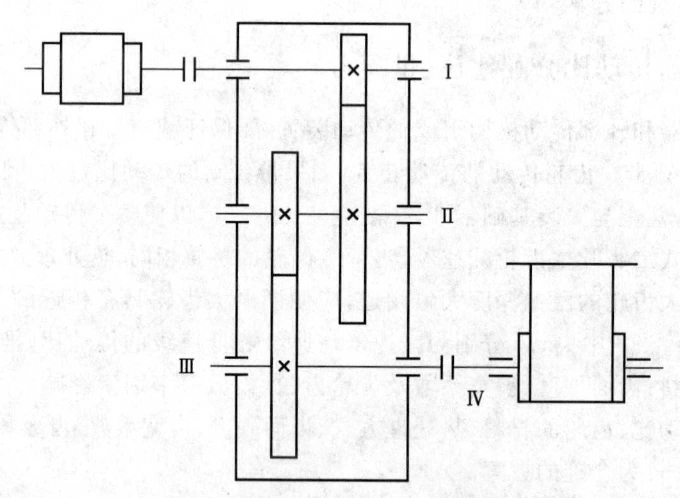

图 2-7　带式运输机的传动装置简图

一、各轴的转速 n_j

通常由电动机算至传动装置的输出轴为止。因为工作时电动机的转速基本保持其额定转速稳定运行。故:

$n_j = n_E$/电动机至该轴的传动比 $i_j (j=1,2,3,4,\cdots,n)$

由此可得，Ⅰ轴的转速：

$$n_{\mathrm{I}} = \frac{n_e}{i_1} \tag{2-5}$$

式中：n_e 为电动机的满载转速(r/min)；i_1 为电动机至Ⅰ轴的传动比。

依此类推：$n_{\mathrm{II}} = \frac{n_{\mathrm{I}}}{i_2}$；$n_{\mathrm{III}} = \frac{n_{\mathrm{II}}}{i_3}$……

二、各轴传递的功率 P_j

对于一般传动装置，各零件的承载能力常设计成与电动机的承载能力相对应。因此，就以电动机的额定功率 P_e 作为设计功率来计算，即：$P_j = P_e$，不必考虑摩擦损耗。否则应是 $P_j = P_e \times$(电动机至该轴的效率)。

由此可得，Ⅰ轴的输入功率：

$$P_{\mathrm{I}} = P_e \eta_{01} \tag{2-6}$$

式中：P_e 为电动机的实际输出功率(kW)；η_{01} 为电动机至Ⅰ轴间的传动效率。

依此类推：$P_{\mathrm{II}} = P_{\mathrm{I}} \eta_{12}$；$P_{\mathrm{III}} = P_{\mathrm{II}} \eta_{23}$……

三、各轴的输入转矩 T_j

用公式 $T_j = 9\,550 \times P_j / n_j$，即可计算出各轴的转矩 T(N·m)。

这里应当指出：

(1)设计专用传动装置或当一般常用传动装置的电动机选得过大($P_e > P'_e$)时，常取电动机的实际输出功率 P'_e 作为设计功率来计算各轴的转矩 T_j。若仍采用电机额定功率 P_e 设计，则所计算零件的工况系数应为 K(或 f、K_A)=1，即不再考虑。

(2)将来计算传动零件时，由于齿数或轮径的圆整，各级传动比会有少量的变动。应注意工作轴的转速误差不得超过设计要求的误差值。

(3)经过修改后的数据，是下面进行设计计算的依据，应填入表 2-4 备用。

表 2-4　运动和动力参数表

轴号	输入功率 P/kW	输入转矩 T/N·m	输入转速 n/(r/min)
Ⅰ			
Ⅱ			
Ⅲ			

第三章　主要零部件的设计要点

传动装置主要零部件的设计计算一般包括传动零件、轴、轴承、键等。计算目的是根据所传递的载荷来确定它们的主要尺寸，据此定出传动装置的其他结构尺寸，如齿轮减速器箱体的大小就是由减速箱内齿轮的大小决定的。

传动零件是传动装置的核心零件，决定其工作性能、结构布置和尺寸大小。传动零件的计算通常从电动机一端开始往后逐级计算。通过传动零件的计算可求出作用在轴上力的大小，为轴和轴承的设计计算提供依据。当轴的结构尺寸确定后，才能最后确定键和联轴器的尺寸。

第一节　传动零件的计算要点

传动零件的设计计算根据机械设计课程所讲述的方法进行，本章不再赘述。本节简述设计传动零件时应注意的一些问题。

一、V带传动设计计算要点

V带传动设计需要确定的参数有：V带的型号、长度和根数，带轮的直径和结构形式，带传动中心距及带传动压轴力的大小等。

1. 带轮直径的选择

(1)小带轮直径应取小些，以使结构紧凑，但须满足 $d_{d1} \geqslant d_{dmin}$（$d_{dmin}$ 为所选型号带的最小带轮直径）；

(2)带轮直径 d_{d1}、d_{d2} 应取标准系列值；

(3)小带轮直径的增大可使带的根数减少、带的应力减小、寿命增长但结构尺寸会增加；

(4)带轮轮毂长度与带轮轮缘宽度不一定相等，一般轮毂长度应按轴孔直径来确定。带轮结构见图3-1。

2. 带传动的中心距和带的根数

(1)中心距的大小应根据实际情况确定，但要注意小带轮包角不要太小，通常 $\alpha_1 \geqslant 120°$；

(2)带的根数不宜过多，通常带的根数 $z \leqslant 4$，以保证横向尺寸不致过大，特殊情况下带的根数可取 $z=6$。

3. V带带轮的结构形式的确定

带轮轮辐的结构形式与带的型号、带轮直径有关，其轮毂轴孔直径应与带轮直径相匹配以使结构协调（设计轴时应予以考虑），参考图3-1。

4. 带传动尺寸与传动装置外廓尺寸的相互关系

(1)装在电动机轴上的小带轮，其直径应小于电动机中心高度，小带轮的孔径、轮毂长度应与电动机轴的尺寸相适应；

(2)大带轮不应过大，以免与其他零件(如机座)相碰；

(3)带传动的尺寸应与减速器总体尺寸相协调。

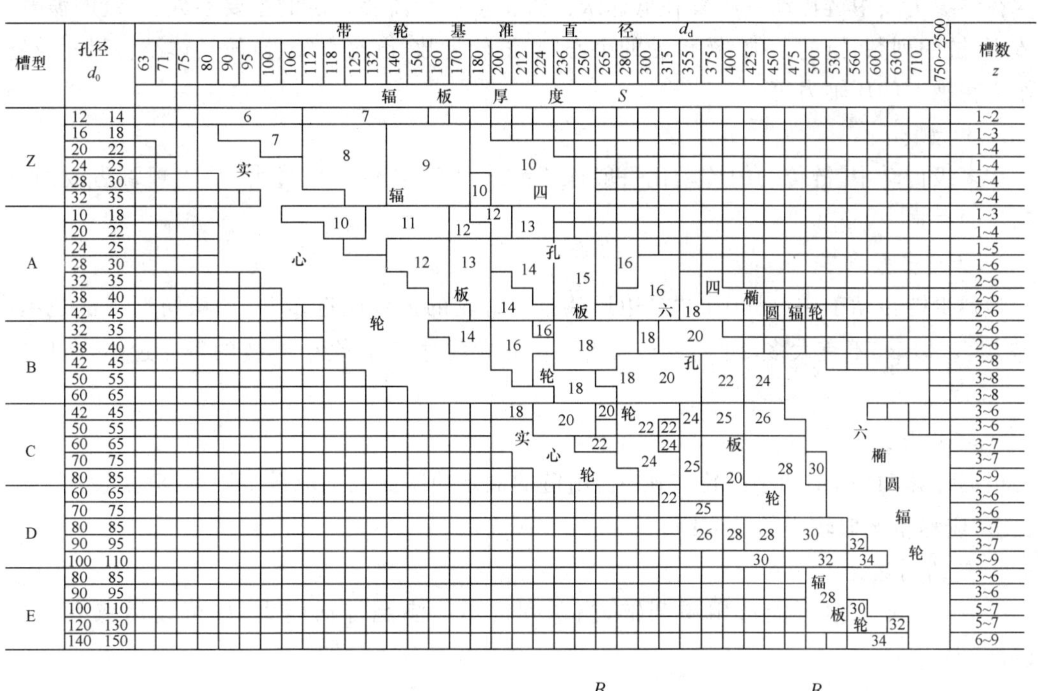

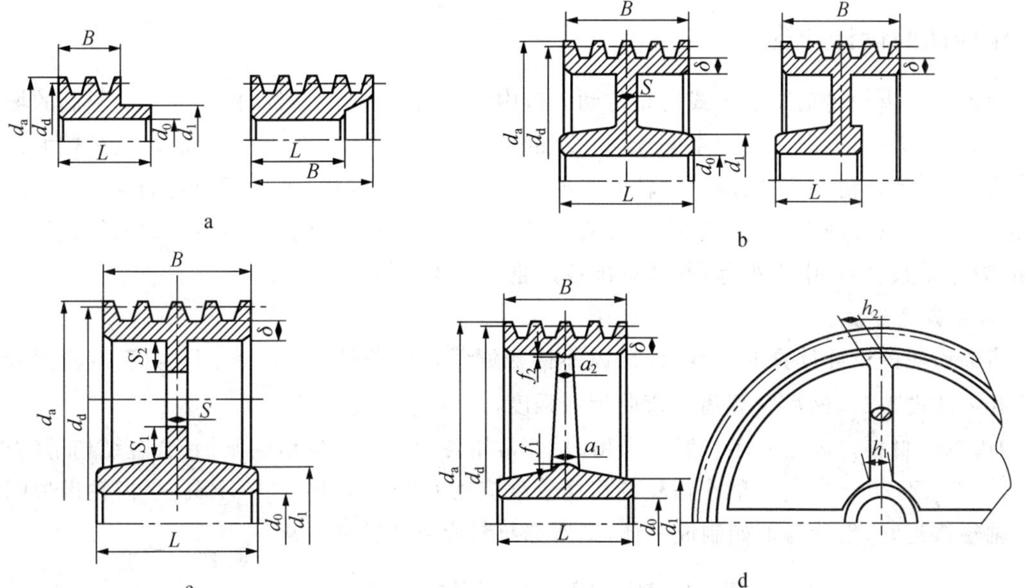

图 3-1　V 带轮的结构形式和辐板厚度

a. 实心轮；b. 辐板轮；c. 孔板轮；d. 椭圆辐轮

$$d_1=(1.8\sim2)d_0, L=(1.5\sim2)d_0, S_1\geqslant1.5S, S_2\geqslant0.5S, h_1=290\sqrt[3]{\frac{P}{nA}}mm$$

$$h_2=0.8h_1, a_1=0.4h_1, a_2=0.8a_1, f_1=0.2h_1, f_2=0.2h_2$$

二、链传动的设计计算

在多级传动中链传动宜布置在低速级。链传动设计需要确定的主要参数有:链的型号、链的节距、链的列数、链的节数、链传动的中心距、链轮齿数、链轮直径、链轮具体结构尺寸及链传动作用在轴上的压轴力等。

1. 传动比

在多级传动中,链传动的传动比一般取 $i=2\sim3.5$,若传动比过大,易出现跳齿或加速链轮轮齿的磨损。

2. 链轮齿数

为减少链传动工作过程中的“多边形效应”,链轮的齿数应选多些,一般情况下链速越高,z_1 应越多,但 z_1 不宜太多,因 $z_2=iz_1$,当链轮的齿数过多时,会引起链的寿命过短,所以应保证 $z_2\leqslant120$。

3. 链的节距

根据计算功率 P_c 和小链轮转速 n_1,由链的额定功率曲线选取链节距,在满足使用要求的前提下,应尽量选取较小的链节距。

4. 链的列数

一般情况下应尽可能选用单列链,当单列链不能满足传动能力时,可改用双列链或多列链。

三、齿轮传动的设计计算

减速器中的齿轮传动属于闭式齿轮传动。对中载、中速及以下,对结构尺寸不受限制的场合,可选用软齿面齿轮,即齿面硬度 HBS≤350 的软齿面材料,其制造成本较低;对载荷较大或要求结构紧凑、运转精度较高、高速旋转的齿轮,常选用硬齿面齿轮,即齿面硬度 HBS>350 的硬齿面材料。齿轮传动设计时应选择正确的设计准则,确定各齿轮的主要参数,如模数、齿数、螺旋角、齿宽系数、传动中心距等,并计算出各齿轮的主要结构尺寸。

1. 圆柱齿轮传动设计

软齿面齿轮的设计计算准则是:根据齿面接触疲劳强度条件 $\sigma_H\leqslant[\sigma_H]$,确定齿轮的分度圆直径 d_1(式 3-1),然后验算齿根弯曲疲劳强度,$\sigma_F\leqslant[\sigma_F]$。

(1)齿轮的材料。齿轮毛坯一般多采用锻钢,常用各种牌号的优质碳素钢、合金结构钢(表 3-1),例如 45 钢,20Cr 等。一般小齿轮的齿面硬度应比大齿轮高 30~50HBS。小齿轮齿根圆直径与轴径接近时,齿轮与轴如制成一体,则所选材料应兼顾轴的要求。

表 3-1 常用的齿轮材料及其力学性能

材料牌号	热处理	力学性能		硬度	
		σ_b/MPa	σ_s/MPa	HBS	HRC
45 钢	正火	569	284	162~217	
	调质	628	343	217~255	
	表面淬火				40~50

续表3-1

材料牌号	热处理	力学性能		硬度	
		σ_b/MPa	σ_s/MPa	HBS	HRC
35SiMn	调质	735	441	217～269	
	表面淬火				45～55
40Cr	调质	686	490	241～286	
	表面淬火				48～55
42CrMo	调质	735	589	207～269	
	表面淬火				48～56
38SiMnMo	调质	686	539	217～269	
	表面淬火				45～55
20Cr	渗碳淬火，回火	637	392		56～62
20CrMnMo	渗碳淬火，回火	834	490		56～62
20CrNi3	渗碳淬火，回火	≥932	≥735	心部 284～415	齿面≥58
ZG310-570	正火	570	310	163～197	

(2)以齿面接触疲劳强度计算出齿轮分度圆直径 d_1。

$$d_1 \geqslant \sqrt[3]{\frac{2KT_1}{\phi_d}\frac{u\pm 1}{u}\left(\frac{Z_E Z_H Z_\beta}{[\sigma_H]}\right)^2} \tag{3-1}$$

(3)选择齿数 z_1。常取小齿轮齿数 $z_1=20\sim40$，按 $z_2=iz_1$ 计算大齿轮齿数后圆整。

(4)初取螺旋角 β。设计斜齿轮时应选取合适的螺旋角 β。若 β 角过大，则轴向力过大；若 β 角过小，斜齿轮传动平稳、承载能力较强的优点不明显。一般取 $\beta=8°\sim20°$。

(5)对斜齿圆柱齿轮传动，用式(3-2)协调模数 m_n、中心距 a、螺旋角 β 和齿数 z_1、z_2 之间的关系，在满足强度和传动比的前提下，调整螺旋角 β，使 m_n 为标准系列值，中心距 a 为整数。

$$a=\frac{m_n}{2\cos\beta}(z_1+z_2) \tag{3-2}$$

(6)几何尺寸计算。齿轮的几何尺寸必须精确计算，一般精确到小数点后面两位；螺旋角应精确到秒。

(7)齿宽系数 ϕ_d 和齿宽 b。齿宽系数 ϕ_d 取值应适当，若齿宽系数 ϕ_d 取值较大，则根据强度计算确定的齿轮直径较小，结构紧凑，但齿宽方向尺寸增大，由于制造误差、安装误差以及受力时的弹性变形等原因导致的载荷沿齿宽分布不均匀现象比较严重。由 $b=\phi_d d_1$ 算得齿宽值应加以圆整，一般取大齿轮的齿宽 $b_2=b$，小齿轮的齿宽 $b_1=b+(5\sim10)$ mm。则因装配误差产生轴向错位时，可以保证齿轮传动有足够的啮合宽度。

(8)在确定齿轮的结构时，要考虑齿轮的直径、材料、生产批量等因素。具体结构尺寸可参见手册或图册；当小齿轮直径很小时，齿轮与轴分开制造将影响齿轮本体强度，应采用齿轮轴。

硬齿面齿轮的设计准则是：根据弯曲疲劳强度确定齿轮的模数(式 3-3)，最后验算齿面接触疲劳强度，$\sigma_H\leqslant[\sigma_H]$。

$$m_n \geqslant \sqrt[3]{\frac{2KT_1\cos^2\beta}{\phi_d \cdot z_1^2} \cdot \frac{Y_F Y_\beta}{[\sigma_F]}} \tag{3-3}$$

2. 圆锥齿轮传动

要求与圆柱齿轮基本相同。

四、蜗杆传动的设计计算

蜗轮蜗杆传动设计需要确定的主要参数有：蜗轮蜗杆的材料、蜗杆材料的热处理方式、蜗杆的头数和模数、蜗轮的齿数和模数及其他几何尺寸。

蜗杆模数和蜗杆直径系数应取标准值；连续工作的蜗杆传动，因相对滑动速度较大，摩擦发热较大，易产生胶合，所以在蜗杆减速器装配草图完成后应进行热平衡计算。

1. 材料选择

蜗杆材料主要有碳钢和合金钢，一般可用 45 号钢表面淬火到 HRC45～55。蜗轮应按载荷大小、载荷性质及工作速度参考有关设计手册选取耐磨减摩材料。常用铸锡青铜和铸铝青铜。为了节省有色金属，大多数蜗轮做成装配式的结构。

2. 蜗杆头数

z_1 的选取影响传动的尺寸、效率以及制造工艺，通常按传动比 i 来取，一般为 $z_1=1\sim4$。

第二节　轴径初算

联轴器和轴承的主要尺寸需根据轴端直径确定，轴的结构设计是在初步估算轴端直径的基础上完成的。

一、轴设计的主要步骤

(1)选择轴的材料及热处理方式；

(2)拟定轴上零件的布置形式；

(3)初算轴径 $d_{\min}$；

(4)选择轴承；

(5)轴的结构设计；

(6)轴的强度校核。

二、轴径初算

转轴最小直径的初步计算可按扭转强度法，即按许用切应力法进行(式 3-4)。

$$d_{\min} \geqslant A\sqrt[3]{P_j/n_j} \tag{3-4}$$

式中：P_j 为轴所传递的功率(kW)；n_j 为轴的转速(r/min)；A 为材质系数(表 3-2)，由轴的材料及许用切应力确定。

轴常用材料的$[\tau_T]$值和 A 值见表 3-2。

表 3-2　轴常用材料的值[τ_T]和 A 值

轴的材料	Q235,20	35	45	40Cr,35SiMn
[τ_T]/MPa	12～20	20～30	30～40	40～52
A	135～160	118～135	107～118	98～107

一般初步估算的轴径是该轴的最小直径 $d_{\min}$。如果轴外伸端安装联轴器时,A 取小值;如果安装带轮或链轮时,A 取大值。初算轴径还要考虑键槽对轴强度削弱的影响,当初算轴径处有一个键糟时,直径增大 3%～5%;当初算轴径处有两个键糟时,直径增大 7%～10%,然后圆整为标准值或工程有效数字,即尾数为 0、2、5、8 的整数。

若轴外伸端安装联轴器或大带轮,则应综合考虑联轴器及大带轮轮毂孔径尺寸,适当调整初算的轴径值;当外伸端通过联轴器与电机相连时,外伸端直径与电机轴直径应相差不大,它们的直径应在所选联轴器轮毂孔直径最大、最小直径的允许范围内。

第三节　初选轴承及联轴器

一、初选轴承

以估算轴径为依据,确定轴承内径,选定轴承规格,确定轴承型号。

轴承所承受载荷的大小、方向和性质,是选择轴承类型的主要依据。转速较高、载荷较小、要求旋转精度高时宜选用球轴承;转速较低、载荷较大或有冲击载荷时则选用滚子轴承。对于纯径向载荷,可选用深沟球轴承(60000 型),轴承承受纯轴向载荷时,一般选用推力轴承(50000 型或 80000 型);对于同时承受径向和轴向载荷的轴承,以径向载荷为主而轴向载荷较小,轴的转速较高时,可选深沟球轴承(60000 型)或小接触角($\alpha=15°$)的角接触球轴承(70000 型);既有径向载荷也有轴向载荷且轴向载荷较大时,宜选大接触角($\alpha=25°$或者 $\alpha=40°$)的角接触球轴承(70000AC、70000B 型)或圆锥滚子轴承(30000 型);或深沟球轴承和推力轴承组合结构,分别承担径向载荷和轴向载荷。

确定轴承类型后,根据初算的轴径及轴是否有外伸端(轴头伸出减速器箱体以外),选择轴承的内径尺寸,通常轴承内径等于轴的最小尺寸 $d_{\min}+(3\sim8)$,轴有伸出端取大值,否则取小值,即减速器的输入、输出轴的轴承取大值,中间轴取小值。

二、联轴器的选择

联轴器的选择包括类型选择和型号确定,类型的选择应由工作情况和传动装置的要求决定。

对中、小型减速器,输入、输出轴均可采用弹性柱销联轴器,它加工制造容易,装拆方便,成本低,能缓冲减振。输入轴如果与电动机轴相连,转速高,转矩小,也可选用弹性套柱销联轴器。

对于安装对中困难的低速重载轴的连接,可选用齿轮联轴器,但制造困难,成本较高。对高温、潮湿或多尘的单向传动,且有一定角位移时,可选用滚子链联轴器。

联轴器型号按所连接两轴传递的扭矩、转速及尺寸由设计手册选出,也可自行设计。

第四章　装配草图设计

装配图是表达各零件的相互关系、位置、形状和尺寸的图样，也是机器组装、调试、维护和绘制零件图等的技术数据文件。由于装配图的设计和绘制过程比较复杂，因此，一般应先作装配草图设计。在设计过程中，必须综合考虑零件的工作条件、材料、强度、刚度、制造、安装、调整、润滑和密封等方面的要求，以期得到工作性能好、便于制造、成本低廉的机器。

装配草图设计内容主要包括：确定各零件之间的位置关系及装配关系；确定轴承型号；确定轴的支点距离、轴上零件力的作用点位置，确定轴的结构及其尺寸；设计和绘制箱体零件、传动零件、支承零件、润滑和密封零件及附件的结构，为工作图(装配工作图、零件工作图等)的设计打下基础。在绘图过程中要注意：传动零件的结构尺寸是否协调，各零件安装及运动是否有干涉；验算轴和键连接的强度及轴承寿命。

在装配草图的设计过程中，既包括机器或部件的结构设计，又有设计中的校核计算，有些地方不能一次确定，常常是作图、计算与修改交替进行，经过反复修改，以获得较好的设计效果。设计中应该避免由于害怕返工，而不愿意修改设计中已发现的不合理之处。

装配草图设计可按初绘装配草图，轴、轴承及键连接的强度校核计算，完成装配草图三个阶段进行。

第一节　装配草图初绘

传动零件、轴和轴承是传动装置的主要零件，其他零件的结构尺寸随之而定。绘图时先画主要零件，后画次要零件，由箱内零件画起，内外兼顾，逐步向外画，先画零件的中心线及轮廓线，后画细部结构，并以一个视图为主，兼顾其他。

一、确定传动件的轮廓和相对位置

不同类型的减速器其主要视图不同，一般而言，应首先绘制能够较多表现零件之间位置关系和配合关系的视图，如减速器中的轴均为水平布置的则首先绘制俯视图为好，而立轴减速器则首先绘制主视图。

在首先绘制的视图上画出箱体内传动零件的中心线、齿顶圆(或蜗轮外圆)、分度圆、齿宽和轮毂长度等轮廓尺寸，其他细部结构暂不画出。为了保证全齿宽啮合并降低安装要求，通常取小齿轮齿宽比大齿轮齿宽大些。

对于二级及二级以上齿轮减速器，为避免零件间发生干涉，应使高速级大齿轮齿顶与低速轴之间及两级齿轮端面之间有一定距离，距离大小主要受低速轴直径尺寸影响，一般在30 mm以上。

二、确定箱体内壁和轴承座端面的位置

对于圆柱齿轮减速器，应在大齿轮的顶圆和端面与箱体内壁之间留有一定距离 Δ_1 和 Δ_2（图 4-1），以避免由于箱体制造误差造成的间隙过小发生齿轮与箱体相碰。Δ_1、Δ_2 值的确定见表 4-1。小齿轮顶圆与箱体内壁间的距离暂不确定，待完成其他视图的箱体结构后，根据投影关系确定。

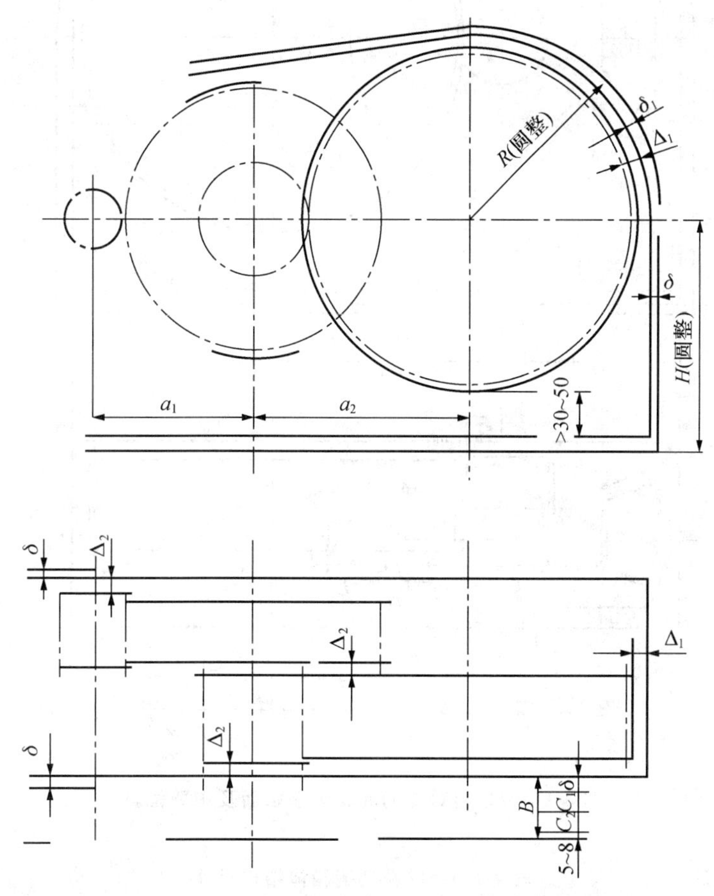

图 4-1　圆柱齿轮传动件、轴承座端面及箱壁的位置

对于圆锥齿轮减速器，应在小圆锥齿轮大端轮缘端面和大圆锥齿轮轮毂端面与箱体内壁间留有间距 Δ_2，小圆锥齿轮顶圆与圆弧形箱体内壁之间应留有一定距离 Δ_1（图 4-2），Δ_1 和 Δ_2 的确定见表 4-1。

对于蜗杆减速器，蜗杆外圆和蜗轮轮毂端面与箱体内壁间应留有间距 Δ_1 值。为了提高蜗杆轴的刚度，应尽量缩小其支点距离，为此，蜗杆轴承座伸长到箱体内部（图 4-3）。

内伸部分的外径 D_1 近似等于凸缘式轴承盖外径 D_2。内伸部分端面应使轴承座与蜗轮外圆之间留有一定距离 Δ_1（表 4-1）。为了增加轴承座的刚度，在其内伸部分的下面还应有加强筋。蜗杆减速器箱体宽度与蜗杆轴轴承盖外径有关，而且是在另一视图上确定的。

箱体轴承座内端面常为箱体内壁。箱体轴承座外端面位置，即轴承座内、外端面间距离，与轴承座连接螺栓所要求的扳手空间尺寸有关，与箱体壁厚及其安装位置有关，同时也与轴承

的润滑和密封方式以及轴承盖的结构有关，应综合考虑。

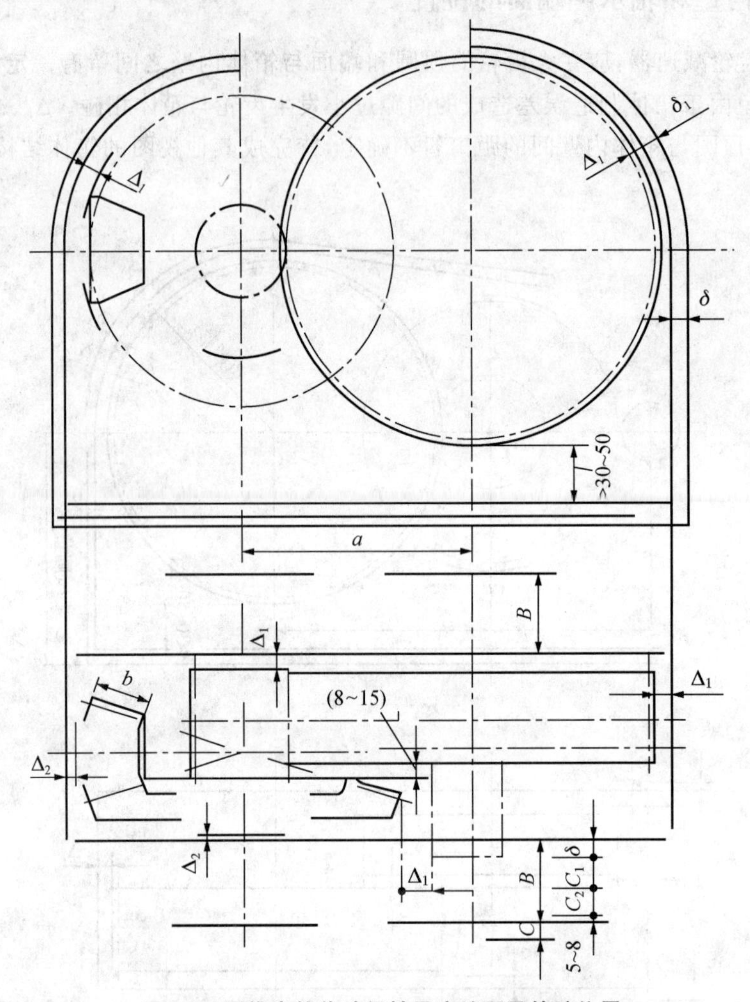

图 4-2　圆锥齿轮传动间轴承座端面及箱壁位置

表 4-1　铸铁减速器箱体结构尺寸　　mm

名称	符号	减速器型式及尺寸关系			
		圆柱齿轮减速器		圆锥齿轮减速器	蜗杆减速器
箱座壁厚	δ	一级 二级 三级	$0.025a+1\geqslant 8$ $0.025a+3\geqslant 8$ $0.025a+5\geqslant 8$	$0.0125(d_{1m}+d_{2m})+1\geqslant 8$ 或 $0.01(d_1+d_2)+1\geqslant 8$ d_{1m}、d_{2m} 为小、大锥齿轮的平均直径 d_1、d_2 为小、大锥齿轮的大端直径	$0.04a+3\geqslant 8$
箱盖壁厚	δ_1	一级 二级 三级	$0.02a+1\geqslant 8$ $0.02a+3\geqslant 8$ $0.02a+5\geqslant 8$	$0.01(d_{1m}+d_{2m})+1\geqslant 8$ 或 $0.0085(d_1+d_2)+1\geqslant 8$	蜗杆在上： $\delta_1\approx\delta$ 蜗杆在下： $\delta_1=0.85\delta\geqslant 8$

续表4-1

名称	符号	减速器型式及尺寸关系		
		圆柱齿轮减速器	圆锥齿轮减速器	蜗杆减速器
箱座凸缘厚度	b	1.5δ		
箱盖凸缘厚度	b_1	$1.5\delta_1$		
箱座底凸缘厚度	b_2	2.5δ		
地脚螺栓直径	d_f	$0.036a+12$	$0.018(d_{1m}+d_{2m})+1\geqslant 12$ 或 $0.015(d_1+d_2)+1\geqslant 12$	$0.036a+12$
地脚螺栓数目	n	$a\leqslant 250$ 时，$n=4$ $a>250\sim 500$ 时，$n=6$ $a>500$ 时，$n=8$	$n=\dfrac{箱座底凸缘周长}{2(200\sim 400)}\geqslant 4$	4
轴承旁连接螺栓直径	d_1	$0.75\ d_f$		
箱盖与箱座连接螺栓直径	d_2	$(0.5\sim 0.6)d_f$		
箱盖与箱座连接螺栓间距	l	$150\sim 200$		
轴承端盖连接螺钉	d_3	$(0.4\sim 0.5)d_f$		
窥视孔盖连接螺钉	d_4	$(0.3\sim 0.4)d_f$		
定位销直径	d	$(0.7\sim 0.8)d_2$		
螺栓至外箱壁距离	C_1	见表 4-2		
螺栓至凸缘边缘距离	C_2	见表 4-2		
轴承旁凸台半径	R_1	C_2		
轴承旁连接螺栓距离	s	尽量靠近，一般取 $s=D_2$		
凸台高度	h	根据低速级轴承座外径确定，以便于扳手操作为准		
外箱壁至轴承端面距离	l_1	$C_1+C_2+(5\sim 8)$		
大齿轮顶圆（蜗杆外圆）与内箱壁距离	Δ_1	$>1.2\delta$		
齿轮（圆锥齿轮或蜗轮轮毂）端面与内壁距离	Δ_2	$>\delta$		
箱盖、箱座加强筋厚	m_1, m	$m_1\approx 0.85\delta_1$ $m\approx 0.85\delta$		
轴承端盖外径	D_2	凸缘式端盖：$D_2=D+(5\sim 5.5)d_3$ 嵌入式端盖：$D_2=D+10$，D 为轴承外径		
齿轮顶圆（蜗轮外圆）与内箱底面的距离	Δ_3	$\Delta_3>30\sim 50$		

表 4-2 螺栓的 C_1、C_2 值与沉孔直径 mm

螺栓直径	M6	M8	M10	M12	M14	M16	M18	M20	M22	M24
C_1		13	16	18	20	22	24	26	30	34
C_2		11	14	16	18	20	22	24	26	28
沉孔直径		20	24	26	30	32	36	40	42	48

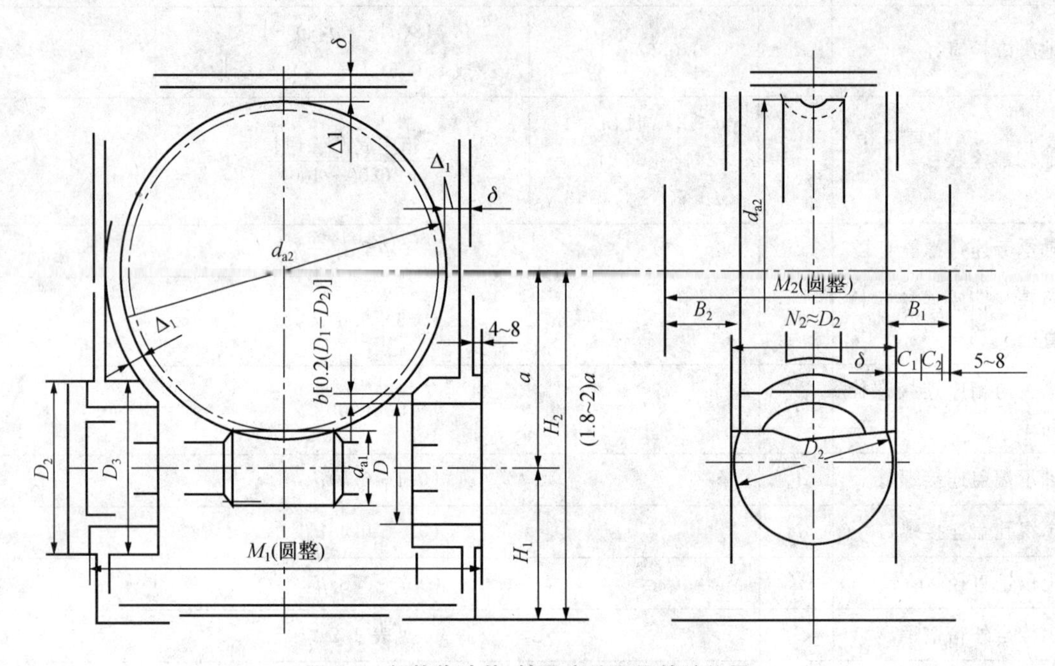

图 4-3 蜗轮传动件、轴承座端面及箱壁位置

一般因低速轴的轴承型号大，故可先定低速轴的轴承座宽度。至于高速轴和中间轴的轴承座宽度也应与低速轴的相同，使各轴承座的外端位于同一平面。

第二节　轴系设计

一、轴的结构设计

设计轴的结构时，既要满足其强度和刚度要求，也要保证轴上零件的定位和装配，还要保持其良好的加工工艺性。所以轴一般都做成阶梯形。轴的结构设计，是在上述初算轴径的基础上进行的。阶梯轴的径向尺寸(直径)的变化是根据轴上零件的受力情况、安装、固定及对轴表面粗糙度、加工精度等要求而定的。阶梯轴的轴向尺寸(各段长度)则根据轴上零件的位置、配合长度及支承结构确定。

当轴上装有滚动轴承、密封件等标准件时，轴径应取相应的标准值。

当直径变化是为了固定轴上零件或承受轴向力时，其变化值要大些，一般取 $h=(0.07\sim$

0.1)d+(1～3),轴径小取小值,轴径大取大值;当固定滚动轴承时,轴肩高度应小于轴承内圈厚度,其值大小应在设计手册上查出。轴承的安装尺寸,如用套筒给轴承定位,其套筒的外径应等于轴承的安装尺寸,以便拆卸轴承。

当轴径变化仅为了装配方便或区别加工表面,不承受轴向力也不固定轴上零件时,相邻直径变化应较小,稍有差别即可,如轴承外的轴径比轴承内径略小即可。

安装零件的各段轴的长度,由所装零件轮毂决定,而轮毂取决键连接的强度计算。另外,为零件定位可靠,通常应使轮毂长度略大于该段轴的长度。

二、滚动轴承组合结构设计

为保证滚动轴承正常工作,除正确选择轴承类型和确定型号外,还需要合理设计轴承的组合结构,轴承的组合结构设计主要考虑下列几方面的问题:轴系的固定和定位、轴承与相关零件的配合、轴承的润滑和密封,提高轴承系统的刚度。

1. 轴系支点固定的结构形式(固定方式)

为保证滚动轴承轴系能正常传递轴向力且不发生窜动,在轴上各零件定位可靠的基础上,必须合理地设计轴系支点的轴向固定结构。典型的结构形式有三类,前两类应用较多。

(1)两端单向固定　普通工作温度下的短轴(跨距 $L<400$ mm),支点常采用两端固定的方式,每个轴承分别承受一个方向的轴向力。为允许轴工作时有少量热膨胀,轴承安装时应留有 0.25～0.4 mm 的轴向间隙,间隙量常用垫片或调整螺钉调节。如图 4-4 所示。

(2)一端双向固定、一端游动　当轴较长或工作温度较高时,轴的热膨胀伸缩量大,宜采用一端双向固定、一端游动的支点结构,固定端由单个轴承或轴承组承受双向轴向力,而游动端则保证轴伸缩时能自由游动。为避免松脱,游动轴承内圈应与轴作轴向固定(常采用弹性挡圈)。用圆柱滚子轴承做游动支点时,轴承外圈要与机座做轴向固定,靠滚子与套圈间的游动来保证轴的自由伸缩。

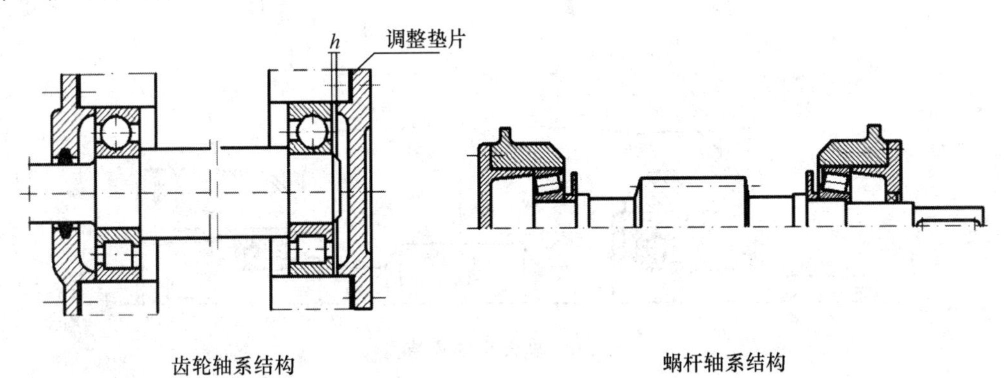

图 4-4　两端单向固定轴承组合结构

(3)两端游动　要求能左右双向游动的轴,可采用两端游动的轴系结构。如人字齿轮传动的高速轴,为了自动补偿轮齿两侧螺旋角的制造误差,使轮齿受力均匀;采用允许轴系左右少量轴向游动的结构。

2. 采用轴承套杯的轴系结构设计

圆锥齿轮的高速轴多采用悬臂支承结构。为使轴系具有较大的刚度,两轴承支点跨距 L_B

不宜太小，一般取为 $L_B=2.2d$（d 为轴径），并尽量缩短臂长，取 $L_C=L_B/2$，使受力点尽量靠近支点（图 4-5）。为保证圆锥齿轮传动的啮合精度，装配时需要调整大小圆锥齿轮的轴向位置，使两圆锥顶重合。因此常将小锥齿轮轴装在套杯内，构成一个独立组件。用套杯凸缘内端面与轴承座外端面之间的一组垫片调整小锥齿轮的轴向位置。套杯的凸肩用于固定轴承，为便于轴承拆卸，凸肩高度应按轴承安装尺寸要求确定，套杯厚度为 $\delta=8\sim10$ mm。

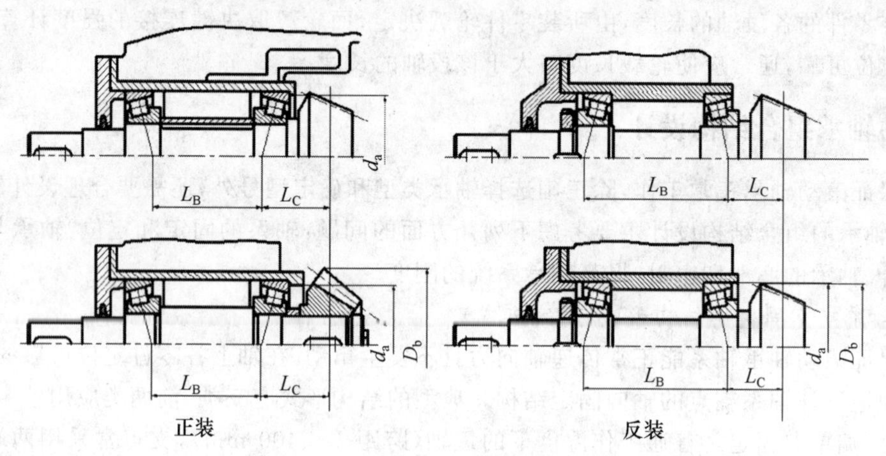

图 4-5 悬臂轴轴承结构

当两轴承的外径不同时，也可以利用套杯，使轴承座孔的镗孔直径相同便于加工。轴承套杯不是标准件，按具体要求自行设计（图 4-6）。

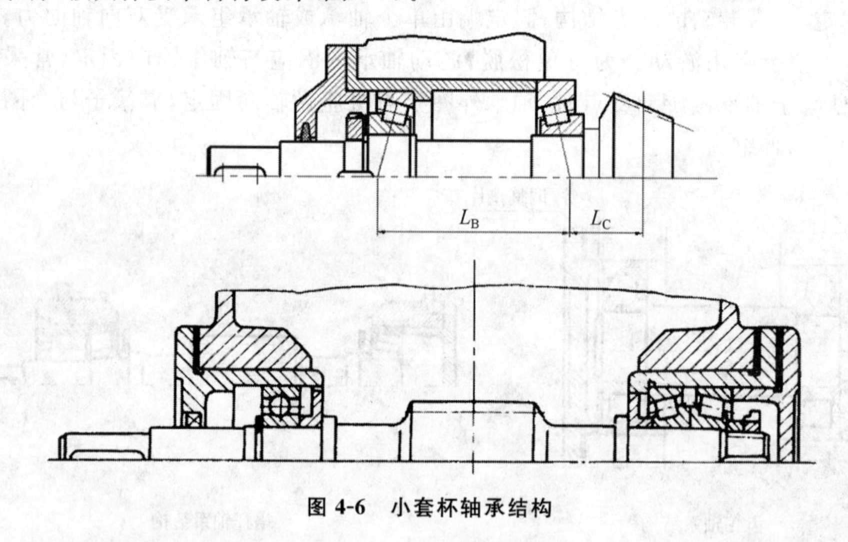

图 4-6 小套杯轴承结构

3. 轴承端盖的结构形式（见附录）

轴承端盖用以固定轴承及调整轴承间隙并承受轴向力，轴承端盖有嵌入式和凸缘式两种。

嵌入轴承盖是靠盖上的凸起部分嵌入轴承座孔相应的环槽中而固定的。它的优点是结构简单，零件数少，外伸轴的长度可短些，外形美观。但密封性能差，常与 O 形密封圈配合使用。调整轴承间隙时，需打开箱盖放置调整垫片，比较麻烦，故多用于不调间隙的轴承处。若用其固定向心推力轴承时，应考虑增加调整轴承间隙的结构，如调整螺钉。

凸缘式（普通式）轴承盖是在轴承端盖的凸缘上钻孔，并用螺钉固定在箱体上。由于它安装调整方便，密封性好，所以应用广泛。这种轴承端盖多用铸铁铸造，设计时应考虑其铸造工艺性。

轴承端盖的尺寸可根据轴承外径按经验公式确定，其结构可根据要求自行设计。对于用流体润滑油润滑的轴承，为便于润滑剂进入轴承座空腔内，应注意开设进油缺口，一般缺口开四个，以便于装配。

4. 轴承的润滑与密封

根据轴颈的速度，轴承可以用润滑脂或润滑油润滑。当齿轮圆周速度 $v<2$ m/s 时，宜用润滑脂润滑；当齿轮圆周速度 $v\geqslant 2$ m/s 时，宜采用流体润滑油润滑。

(1)流体润滑油(稀油)润滑

①飞溅润滑。当浸入油池中齿轮的圆周速度 $v\geqslant 2$ m/s 时，一般可以利用箱体内转动零件旋转时激溅起的润滑油直接润滑轴承，如靠齿轮的旋转把油池中的润滑剂飞溅起，射至箱壁形成油雾直接进入轴承空间或由溅到箱体的油顺内壁流入箱座接合面上的输油沟中，如图 4-7 所示，然后沿输油沟流至轴承，输油沟可铸出或铣出，但必须开通到轴承座孔内，且轴承盖上有通油的缺口。

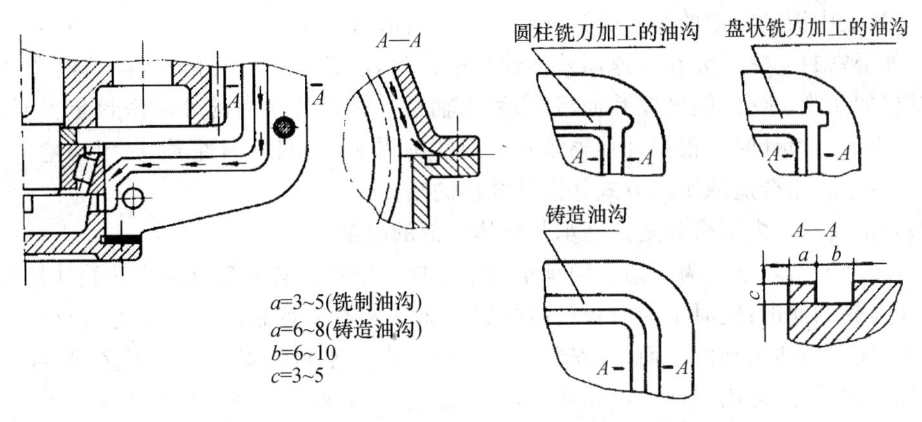

图 4-7　飞溅润滑

②刮板润滑。当齿轮的圆周速度很低($v<2$ m/s)时，飞溅效果差，为保证轴承的用油量，可采用刮板润滑方式，如图 4-8 所示。它是利用固定在箱体内壁上的刮油板将油从旋转的轮缘上刮下来，然后沿油沟流至轴承。此时应注意，刮板与轮缘间需保持 0.5 mm 的微小间隙，而且轮缘的端面跳动和轴的轴向窜动也要相应加以限制。由上可知，用箱内的润滑油润滑轴承比较方便，内摩擦阻力小，但对轴伸出端的密封要求较高。此外，由于齿轮啮合有磨落的金属微粒易混在润滑油中而使轴承易磨损。

(2)润滑脂润滑　一般当 $d\times n<2\times 10^5$ 时[d 为滚动轴承内径(mm)]；n 为轴承转速(r/min)或浸油齿轮的圆周速度 $v<2$ m/s 的轴系支承轴承，下置式蜗杆减速器的蜗轮轴支承轴承以及上置式蜗杆减速器的蜗杆轴承，常采用润滑脂润滑。润滑脂通常在装配时就被加入轴承空间，以后定期(3～6 个月)添加，添脂时可拆去轴承盖，也可用旋盖油杯或压注油杯来加脂。由于润滑脂的摩擦阻力大和冷却效果差，装脂过多反会引起轴承发热，所以滚动轴承中润滑脂的填入量一般为轴承空间的 1/2～2/3。当转速较高($n=1\,500\sim 3\,000$ r/min)时，不应超过 1/3，转速较低($n<300$ r/min)或润滑脂易于流失时，填入量可适当多一些，但不应超过

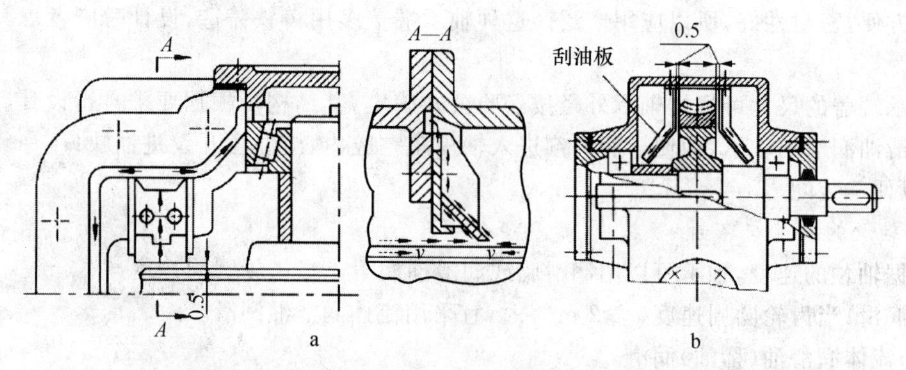

图 4-8 刮板润滑

a. 圆柱齿轮减速器的刮油润滑；b. 蜗轮蜗杆传动的刮油润滑

2/3。为防止润滑脂受热后稀释流出或齿轮箱中的稀油进入轴承而稀释润滑脂，一般轴承内侧应加封油盘。

5. 减速器中的密封

机械装置中滚动轴承的密封分为外部密封和内部密封两类。

(1)外部密封　它安装在减速器外伸轴与透盖间，使轴承与外界隔绝，以防润滑剂泄出和有害物质(如灰尘、水分、酸气及其他污物)浸入轴承。透盖处常用的外部密封装置型式繁多，详见设计手册。设计时应根据外伸轴密封表面的圆周速度、润滑剂性质、周围环境、工作温度等具体条件来选用合适的密封方式并设计合理的结构。

(2)内部密封　内部密封是指轴承与箱体内部的隔绝。

①对于脂润滑轴承。为了防止轴承空腔中的润滑脂受热稀释后流入齿轮箱体油池内而影响轴承及齿轮的润滑；同时也为防止箱内的润滑油浸入轴承腔而冲淡并带走润滑脂，因此，在轴承内侧(向着箱体内部的一面)应安装密封装置。内部密封装置的形式很多，除可用前述间隙式及毡圈式外，还常用挡油环或封油环，它随轴旋转，借离心力的作用可甩掉油及杂质，使其封油效果提高，尤以齿状封油环的效果最好，齿状封油环的尺寸可参考附图。注意封油环只用于脂润滑轴承。

②对于油润滑轴承。当轴承采用飞溅润滑时，一般不需要内部密封，即不需要装封油环。但当小齿轮(特别是斜齿轮)的直径接近轴承座孔直径时，因轮齿啮合时有轴向泵油作用，为防止过多的油(啮合过的热油，且常带有磨屑等杂物)轴向冲射至轴承，使轴承寿命降低，此时就需要在轴承内部安装挡油环；当齿轮直径比轴承孔大时，就不必装挡油环。所以，挡油环只用于油润滑轴承的情况。挡油环与轴承座孔之间应留有不大的间隙，以便仍让适量的润滑油溅入轴承进行润滑。挡油环可冲压、车制或铸造而成。

第三节　箱体设计

减速器箱体是支承和固定轴系零件、保证传动零件的啮合精度、良好润滑及密封的重要零件，其重量占减速器总重的50%，箱体结构对减速器的工作性能、加工工艺、材料消耗、重量及成本等有很大影响。因此，合理地设计减速器箱体结构十分重要。

一、箱体的材料

减速器箱体一般多用灰铸铁(HT150 或 HT200)铸造而成,铸造箱体刚性好,易得到较复杂的形状结构,面且灰铸铁易于加工。但铸件箱体质量较大,还需做木模,故适宜批量生产。对于大型减速器或生产批量较小的减速器,采用焊接毛坯较经济。铸件的最小壁厚受铸造工艺的限制,常大于强度和刚度的需要,如改用焊接毛坯,就可采用较小壁厚,重量平均降低为20%～30%。焊接件可以用板材、管材、型材,也可以用铸件、锻件拼焊,焊接箱体给结构设计提供了很大灵活性。

二、确定润滑油油面位置及减速器箱体高度

为了降低摩擦功率损耗,减少磨损,提高传动效率和寿命,降低噪声、防止锈蚀等,必须对减速器中的齿轮进行润滑。

减速器中的齿轮常用 40＃、45＃机械油进行润滑。当齿轮圆周速度 $v<12$ m/s 时,常用的润滑方式是浸油润滑,把齿轮部分浸入箱座的油池中,靠齿轮转动时将润滑油带到轮齿啮合处,同时也将油甩上箱壁借以散热。此方法较简单,但不适于高速工作的减速器,高速运转的减速器采用浸油润滑时功率损失较大。

圆柱齿轮浸入油池的深度为 1～2 个齿高,圆锥齿轮的浸油深度应为齿宽一半或整个齿宽,速度高时可浅些,但均应≥10 mm。而多级传动时,低速级大齿轮的浸油深度不得超过其齿顶圆半径的 1/3;对于下置式蜗轮减速器,油面高度不得超过蜗杆轴滚动轴承最低滚动体的中心(图 4-9)。

油池应保持一定的润滑油深度,以免齿轮运转时将箱底的沉积污物(磨屑、杂物等)激起带入齿轮啮合区。一般浸入油池内的齿轮顶圆到油池底面的距离应为 30～50 mm。另外,为保持良好的润滑和散热,油池中应维持一定的油量。平均可按单级传动每传递 1 kW 功率需油量为 0.18～0.34 L 来计算,黏度大的润滑油取大值。

根据总的需油量和油池面积,就可确定润滑油在箱中的高度(即油面指示器的最低油面高度)。同时确定箱体高度。

三、箱体的结构设计

1. 保证足够的强度和刚度

箱体除具有一定的壁厚以保证足够的强度外。还必须保证足够的刚度,使轴和轴承不致在外载荷的作用下发生偏斜,确保传动正常运行。为此,可在箱体上(通常在轴承座凸台上下)做出加强筋,同时也可起到增大冷却面的作用。加强筋一般在箱体的外面,否则会阻碍润滑油流动增加能耗。

2. 机体设计应保证其密封性

为了保证机盖机座连接处的密封,连接凸缘应有足够的宽度,连接表面应光洁,重要的还要经过刮研。为提高密封性,在机座凸缘上面常铣出回油沟,使渗入凸缘连接缝隙面上的油重新流回箱体内部,特别当齿轮转速较高时尤为必要(图 4-10)。

上下箱体凸缘连接螺栓之间的距离不宜太大,应为 150～200 mm,并尽量匀称布置,以保证接合面处的密封性。轴承座处的上下箱连接螺栓应尽量靠近轴承孔,以提高连接的紧密性

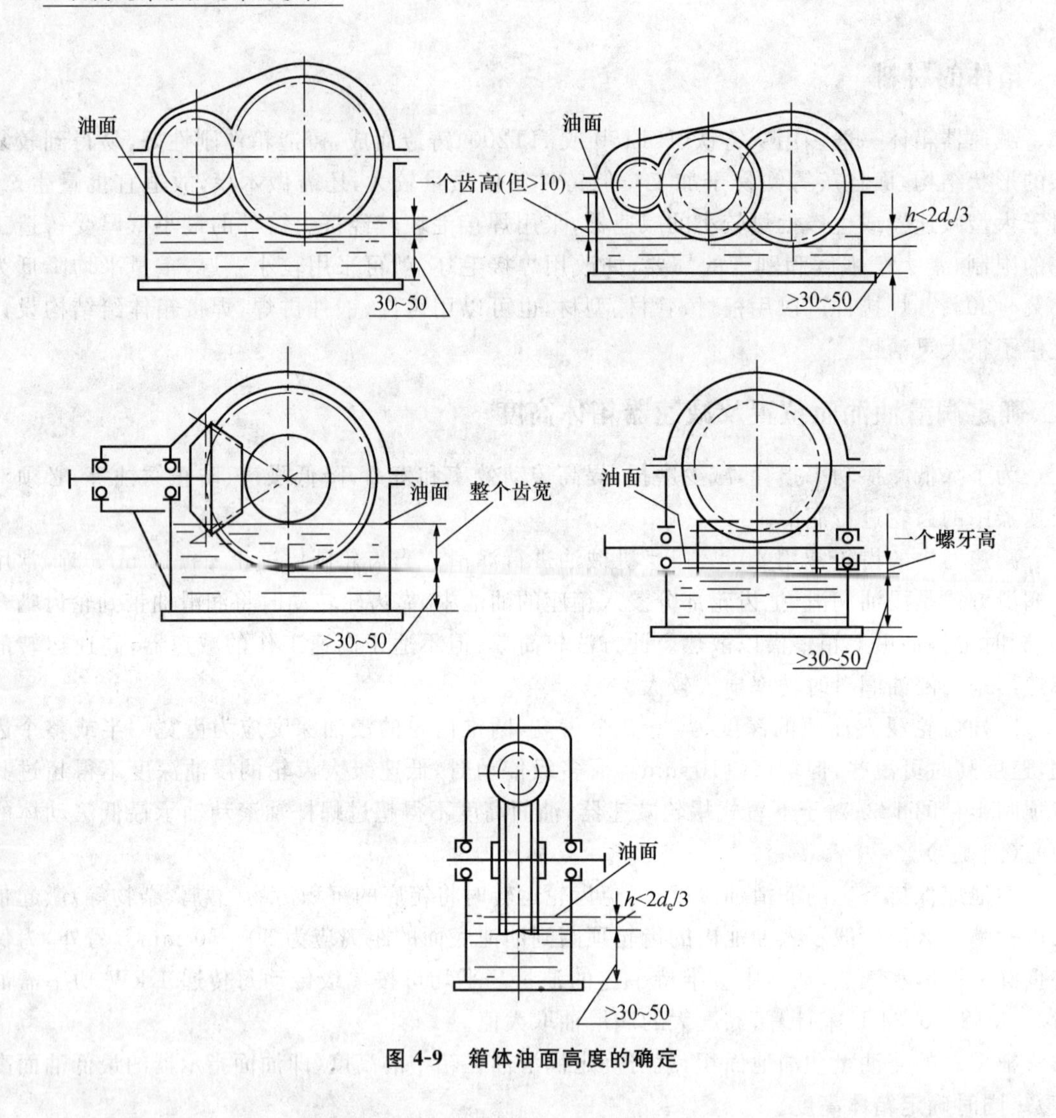

图 4-9　箱体油面高度的确定

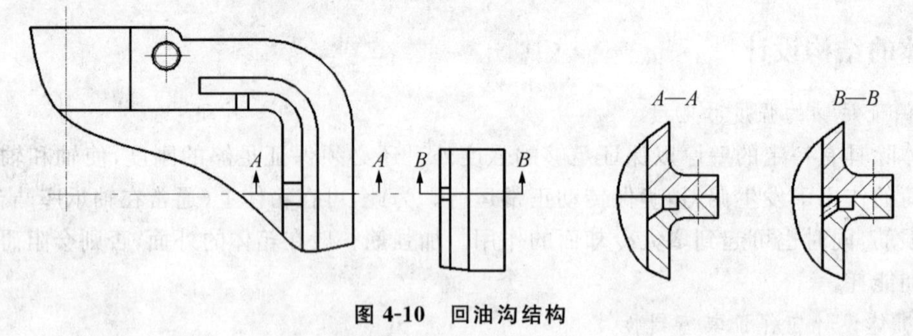

图 4-10　回油沟结构

和刚度。为此，在轴承座两旁制有安装螺栓的凸台，凸台的高度和面积以满足凸台上螺栓所需的扳手空间为准。

上下箱体装配时在接合面间涂一层水玻璃或密封胶，这样接合面的密封效果可提高。但决不允许在接合面间加垫片，以免破坏滚动轴承与孔的正确配合。

3. 箱体结构要有良好的工艺性

箱体结构工艺性的好坏，对提高加工精度和装配质量、提高效率以及便于检修维护等方面有直接影响，应特别注意。

(1)铸造箱体工艺要求　在设计铸造箱体时，应考虑铸造工艺的特点，力求形状简单、壁厚均匀、过渡平缓、金属不要局部积聚以及拔模的方便(图 4-11)。考虑到液态金属流动的畅通性，铸造壁厚不可太薄，其最小值参考有关设计手册。

在设计铸件时，应尽量避免出现夹缝，这时砂型强度很差，不易成型。

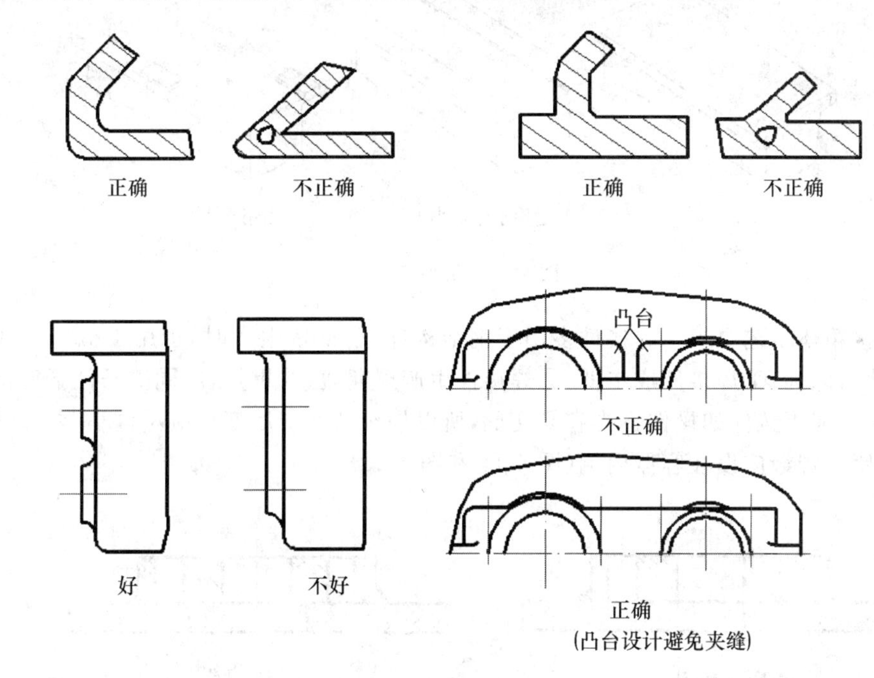

图 4-11　铸造工艺

(2)箱体机械加工工艺要求　设计结构形状时，应尽可能减少机械加工面积，以降低加工成本。如箱体上任何一处的加工面与非加工面必须严格分开，螺栓头及螺母的支撑面需铣平或锪平，应设计出凸台或沉头座(图 4-12)。

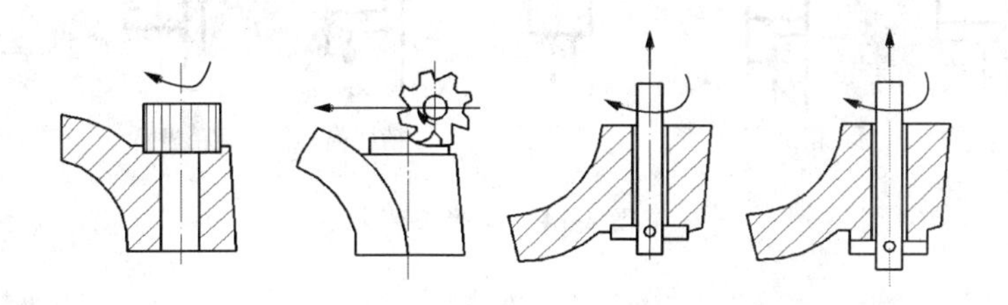

图 4-12　与螺母或螺栓头的接触面应加工

为了保证加工精度并缩短加工工时，应尽量减少在机械加工时工件和刀具的调整次数。例如，同一轴心线的两轴承座孔直径应尽量一致。各轴承座的外端面要尽量位于同一平面内等(图 4-13)。

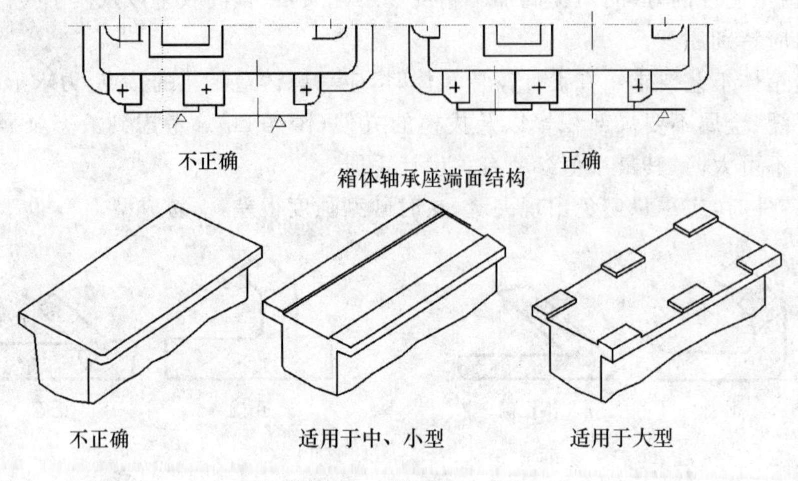

图 4-13 机加工工艺

(3)焊接箱体工艺要求　焊接件多用于钢结构件,小批量生产时,也用于机械零件和机架(床身、箱体),因为:①焊接件成本低;②焊接件生产周期短;③重量轻,同等条件下比钢铸件轻50%～60%。但焊接件如操作不当容易变形,所以焊接件冷却后变形应尽量小;要保证焊件的定位精度;紧密焊缝应设在容器内侧(图 4-14 和图 4-15)。

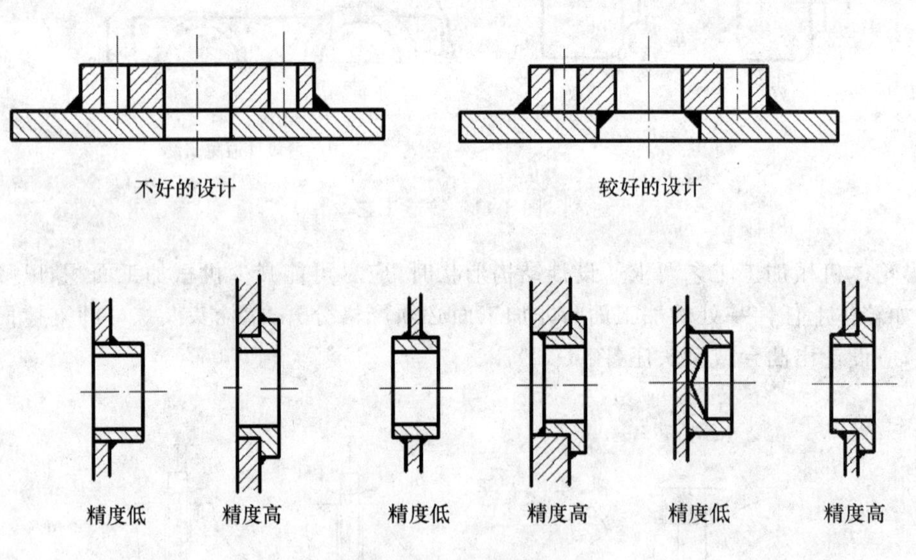

图 4-14 焊接工艺

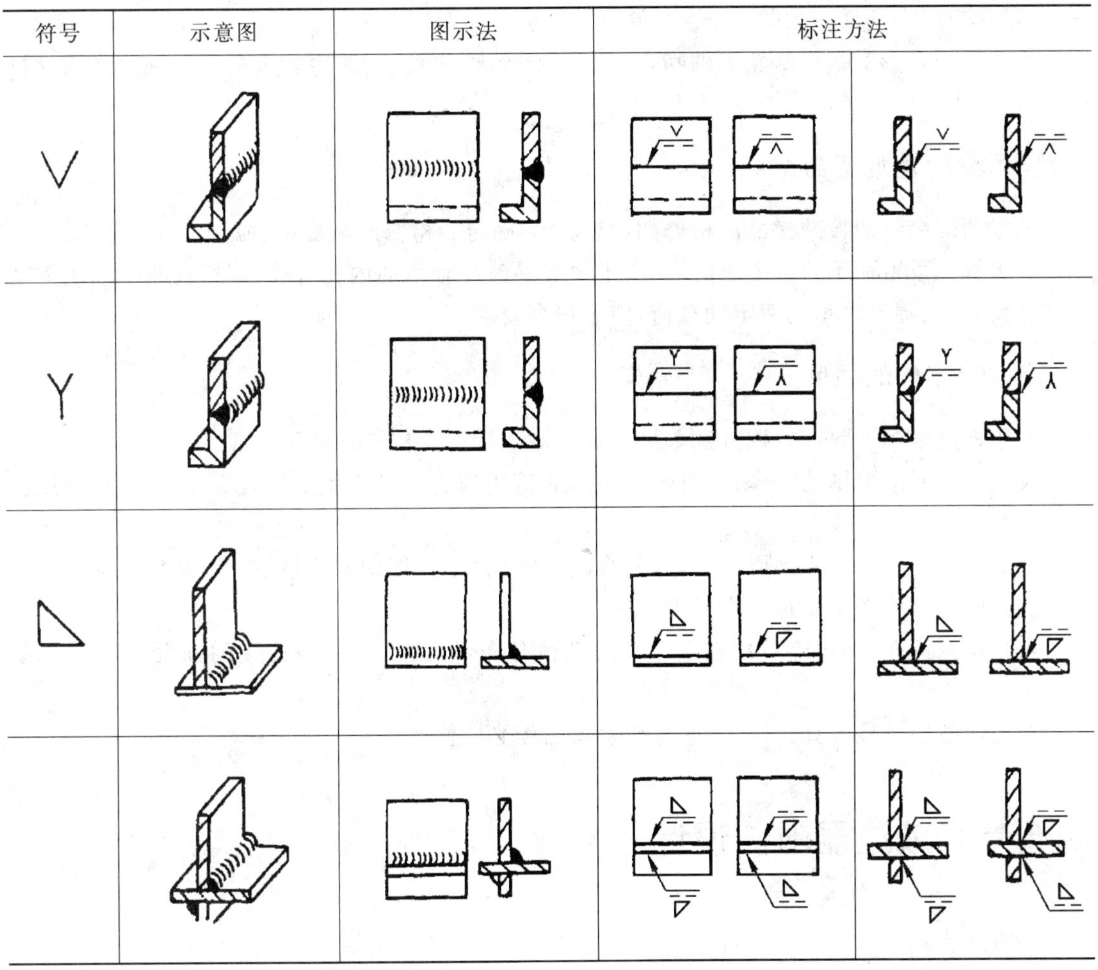

符号	示意图	图示法	标注方法	
V				
Y				
◺				

图 4-15　焊接基本符号应用举例

第四节　轴、轴承及键的校核计算

一、校核轴的危险截面的强度

对于普通机械和一般减速器的轴，通常按许用切应力(扭转强度)初算的轴径为最小直径，在此基础上进行轴的结构设计即可。对较重要的轴或对轴的强度有怀疑时，则按弯扭合成强度条件验算其危险截面的强度。轴的危险剖面应为载荷较大、轴径较小、应力集中严重的剖面(如轴上有键槽、螺纹、过盈配合及尺寸变化较大处)，应选择其中1～2个可疑剖面进行计算。计算所需轴承跨距、轴上力的作用点、各段轴径等，由初绘的草图确定。

当校核结果不能满足强度要求时，应对轴的设计进行修改，可通过增大轴的直径、修改轴的结构、改变轴的材料等方法提高轴的强度。

对于受变应力作用的较重要的轴，除做上述强度校核外，还应按疲劳强度条件进行精确校核,确定在变应力条件下轴的安全度。

蜗杆轴的变形对蜗杆蜗轮副的啮合精度影响较大,因此,对跨距较大的蜗杆轴除作强度校核外,还应作刚度校核。

二、验算滚动轴承寿命

轴承的寿命一般按减速器的检修期(2~5 年)确定。检修时需更换轴承。

经验算轴承寿命不符合要求时,一般不要轻易改变轴承的内孔直径,可通过改变轴承类型或直径系列,以提高轴承的额定动载荷,使之符合要求。

三、校核键连接的强度

对于采用常用材料并按标准选取尺寸的平键连接主要校核其挤压强度。

校核计算时应取键的工作长度计算,许用的挤压应力应选取键、轴、轮毂三者中材料强度较弱的.

当键连接的强度不满足要求时,可采取改变键的长度、使用双键或花键、加大轴径以选用较大剖面的键等途径来满足强度要求。

当采用双键时,两键应对称布置。考虑载荷分布不均匀性,双键连接的强度按 1.5 个键计算。

对上述各项校核计算完毕后,应对初绘草图作必要修改。

第五节　减速器附件设计

一般减速器还需具备下列附件:

一、观察孔盖

为了检查齿轮的啮合、润滑和齿轮的损坏情况以及往箱体内加注润滑油,因此,箱盖上靠近轮齿啮合处需开有观察孔。平时用盖板、垫片和螺钉将观察孔密封,以防脏物进入箱内。对中小型减速器观察孔及盖板可按具体结构自行设计(图 4-16)。

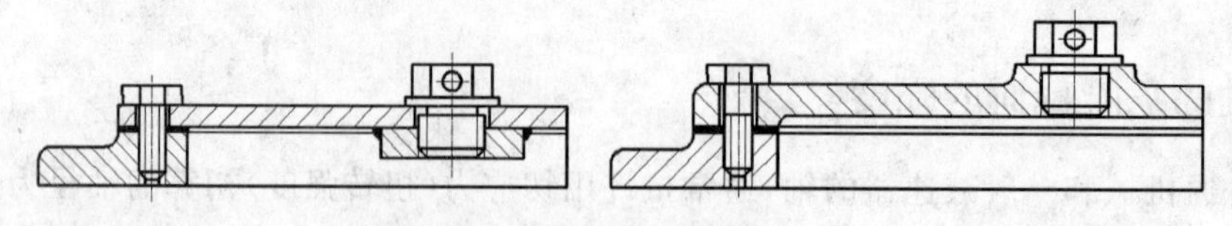

图 4-16　观察孔盖结构

二、通气装置

减速器连续工作一段时间后,箱内温度上升,空气膨胀,气压升高,使箱内空气连同润滑油一起沿减速器各接缝面(如箱体接合面、外伸轴与轴承盖间的密封面等)挤出引起漏油现象。因此,为了使受热的空气能自由地从箱内排出,以保证各接缝的密封性能,所以常在箱盖顶部或直接在观察孔盖板上装有通气装置。

通气装置的结构形式很多,附录中介绍了几种小型减速器上常见的通气装置,可供参考。通气装置属非标件,可按具体情况自行设计。

选用及设计通气装置的要点是:①有足够的通气能力;②防止灰尘、脏物进入箱内;③设置在箱体的上部。

三、油面指示器

用浸油润滑的齿轮减速器,不论在加注润滑油时或在工作中均应能方便地知道箱内油面的高度,以确保箱内油量适当,因此需有油面高度指示器。它的位置放在便于观察及油面较稳定的地方。油尺的安装见图 4-17。

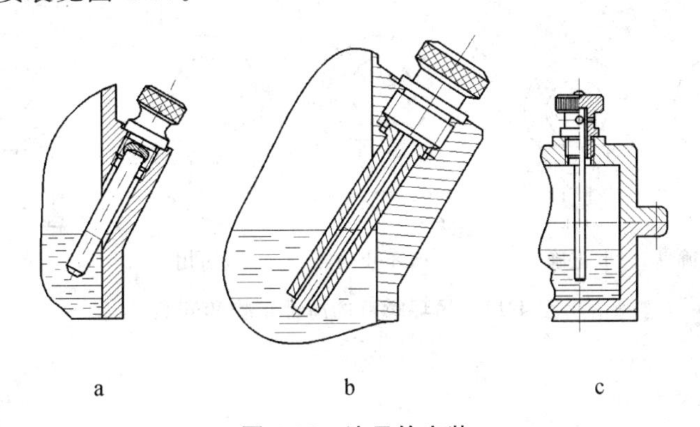

图 4-17　油尺的安装

a. 杆式油尺;b. 带隔套油尺;c. 直装油尺

由于传动件运转时,要不断地搅油,并将部分油带至啮合处和轴承等部位,运转时的油面要较静止时低些,因此就有最低油面和最高油面之分。最低油面是指传动件正常运转时的油面,其高度由传动件浸油润滑的设计要求确定(详见箱体设计部分);最高时的油面是指传动件静止时的油面。为了保证运转时仍具有设计所要求的油面高度,应使静止时的油面高度高于运转时的油面高度。至于高出多少才合适,这与传动件的结构和速度等多种因素有关,因此最高油面位置一般由实验来确定。

油面指示器的结构形式很多,大体可分为非直接观察式和直接观察式(详见附录、手册及图册),其中有些已标准化。

四、放油油塞

为了在换油时能将减速器箱体内原有的脏油放尽,因此需在箱座的最低位置开有放油孔。平时放油孔用油塞和垫圈密封。常见的六角油塞见附录(图 4-18)。

五、吊钩、吊耳和吊环螺钉

为了搬运和装拆减速器方便,常在箱座和箱盖上铸出吊钩、吊耳或在箱盖上装有供起吊用的吊环螺钉。对大型减速器来说,其箱盖上的起吊装置只用来吊起箱盖,以免剖分式箱体的连接螺栓松动,而吊运整台减速器则必须用箱座上的起吊装置。可是对一般中小型减速器,也允许用箱盖上的起吊装置来吊起整台减速器。至于吊钩、吊耳和吊环螺钉的尺寸大小应根据减

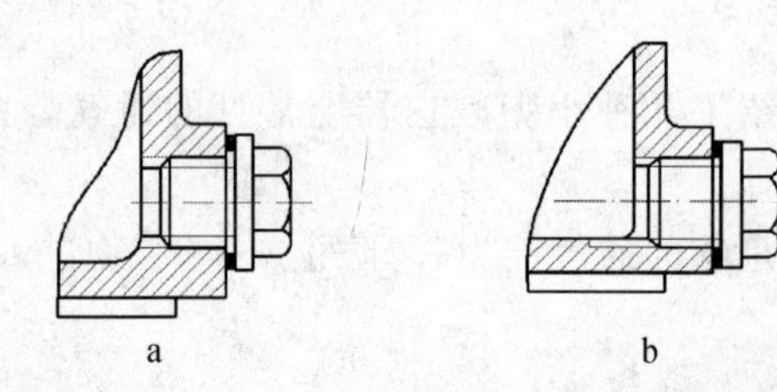

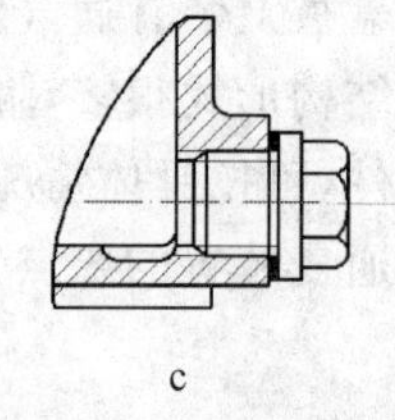

图 4-18　油塞和放油孔

a. 不正确(油污排不尽);b. 可以(半边孔攻丝,加工工艺性差);c. 正确

速器的重量来定。吊钩和吊耳可参考附录的尺寸关系按其具体结构自行设计;吊环螺钉可查设计手册由 GB/T 196—2003 确定,但注意吊环螺钉孔的位置要便于加工和安装(图 4-19)。

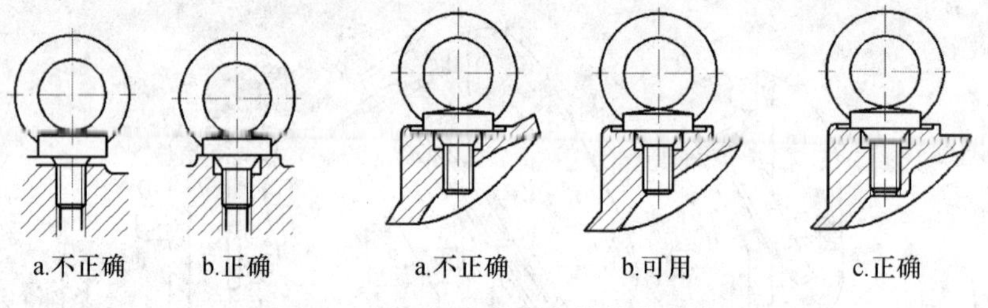

图 4-19　吊环螺钉的尾部结构和安装

六、启盖螺钉

为了在拆卸时便于开启箱盖,因此在箱盖凸缘上装有 1～2 个启盖螺钉。启盖螺钉上的螺纹段应高出凸缘厚度,其直径可取与凸缘连接螺栓相同,螺钉端部制成圆柱或半球形。对于功率较小的减速器,开启箱盖并不费力时,也可不装启盖螺钉(图 4-20)。

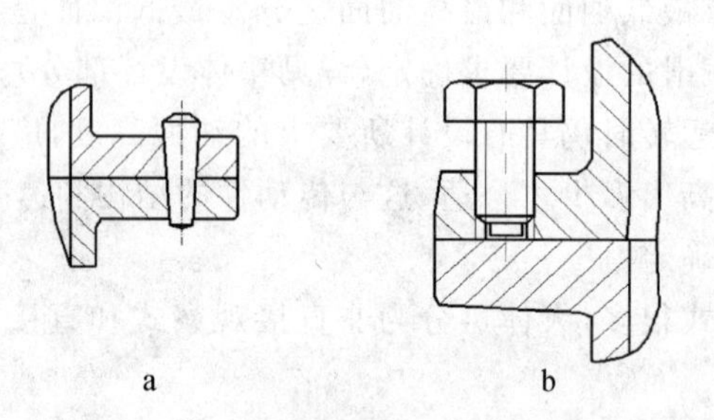

图 4-20　定位销、启盖螺钉的安装

a. 定位销;b. 启盖螺钉

七、定位销

为了精确地加工轴承座孔,并保证减速器每次装拆后轴承座的上下半孔始终保持加工时的位置精度,应在箱盖和箱座的剖分面加工完成并用螺栓连接之后、镗孔之前,在箱盖和箱座的连接凸缘上配装两个定位圆锥销(图 4-20)。定位销的位置应便于钻、铰加工,且不妨碍附近连接螺栓的装拆。两圆锥销应相距较远,且不宜对称布置,以提高定位精度。圆锥销的公称直径(小端直径)可取为 0.7～0.8d_2(d_2 为箱盖与箱座连接螺栓直径)。其长度应稍大于箱盖

和箱座连接凸缘的总厚度，以便于装拆。定位销直径 d 应取标准值，由手册中选取。

第六节　装配草图的检查

在装配草图设计完成后，设计者首先需自己审查，然后可在同学之间互审，并作必要的修改，认可后才能着手绘正式工作图。

在审查装配草图时，可从结构、工艺和制图三个方面着重考虑，具体内容如下：

一、装配图的布置与传动方案是否一致

如轴伸出端的位置及其与外接零件（联轴器、带轮、链轮等）的匹配是否与传动方案相一致，是否出现装错或装反。

二、重要零件的主要尺寸与设计计算结果是否一致

如齿轮传动的中心距、锥距；传动件的直径和宽度；轴的直径；轴承的类型、直径和宽度；键的类型、宽度和长度；支承距离等是否与设计计算的结果一致。

三、总体结构是否匀称、合理

如大带轮尺寸与整个减速器是否相称；减速器的长、宽、高三个方向的尺寸是否协调。

四、轴系零部件的结构是否合理

如轴、轴上零件和轴承的定位、固定（周向和轴向）、装拆、调整、制造等是否可靠和方便；润滑与密封能否得到保证。

五、箱体及其附件的结构和位置是否合理

如箱体结构的铸造和机加工工艺是否良好；油槽位置及尺寸是否合适；各附件是否起到应有的作用，其结构是否合理，位置是否恰当，密封性是否好。

六、制图方面表达是否正确、清楚

（1）视图数量是否足以表达清楚各零件的结构和相互位置。

（2）视图间的投影关系是否一致。这里特别注意螺栓、螺母、弹簧垫圈、凸台、相贯部位、加强筋、定位销、吊钩等的投影关系是否一致。

（3）剖视、剖面是否符合制图规定。

（4）齿轮啮合处、轴承、螺纹连接、键连接等是否与规定画法相符。

第五章　工作图设计

工作图设计是根据功能、技术要求设计绘制出的全套工作图纸，包括装配总图、部件图、零件图、安装图和技术文件(设计计算说明书)。工作图是指导生产的图样，应按程式通过校对、复核，以保证正确、统一、完整。工作图设计的目的，是在技术设计的基础上完成供试制(生产)及随机出厂用的全部工作图样和设计文件。必须严格遵守有关标准规程和指导性文件的规定，设计绘制各项产品工作图。

第一节　装配工作图的绘制

装配工作图应表达机器或部件的设计构思、工作原理与装配关系，也要表达出各零件的相互位置、尺寸及结构形状，它是零件工作图设计、部件组装、调试与维护等的依据。装配工作图要综合考虑机器或部件的装配、维护与工作等要求，用足够数量的视图将设计表达清楚。

装配工作图是在装配草图的基础上绘制的，但不能把完成工作图设计的工作看作是对草图进行简单的照抄或誊画，而应把它当作是一个再设计的过程，是对设计做进一步的检查、提高和改进，以使设计更加完善。

在绘制装配工作图时，应合理布置图面。一张合格的装配工作图应满足下列基本要求。

一、视图清楚

装配工作图不仅是生产装配中的指导文件，同时也是零件工作图设计的依据。它要集中表现出设计人员的设计意图。因此，装配工作图应准确而清晰地表达出所设计产品的结构、尺寸，所有零部件的形状、连接性质及相互关系等。如此，在视图表达方面需注意以下几点：

(1)视图数量。装配工作图一般应采用三个视图(正、俯、左)，必要时可增加局部视图、局部剖视图、向视图、局部放大图和移出剖面等，以表达清楚为准。

(2)合适的绘图比例。一般优先选用 1∶1 的比例，必要时可采用其他标准绘图比例。

(3)图幅应符合国家标准(表 5-1)，同时考虑标题栏、明细栏、技术特性及技术要求等需要的空间且视图布置合理。优选基本图幅，不满足要求时可以选用加长图幅。

(4)视图的投影关系正确。

(5)剖面线要求

①剖面线应用 GB/T 4457.4—2002 所指定的细实线来绘制，不同材质应选用不同的剖面，金属材质的剖面其剖面线角度应符合 GB/T 4457.5—2002 规定，剖面线应画成与水平成 45°；GB/T 17453 规定剖面线最好与主要轮廓线或剖面区域对称线成 45°。

②同一零件在同一张图上，其剖面线的方向和密度应相同。

③相邻零件的剖面线应有区别(方向或间距不同)。

表 5-1　机械制图图纸幅面和格式(摘自 GB/T 14689—2008)

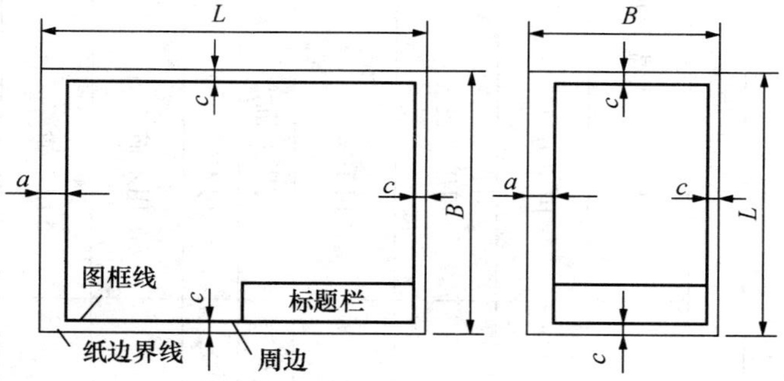

需要装订

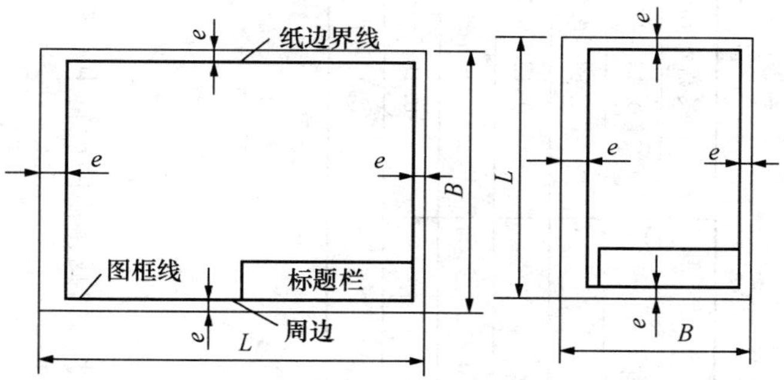

不需要装订

基本幅面						加长幅面					
第一选择						第二选择		第三选择			
幅面	A0	A1	A2	A3	A4	幅面代号	$B\times L$	幅面代号	$B\times L$	幅面代号	$B\times L$
$B\times L$	841×1189	594×841	420×594	297×210	210×297	A3×3 A3×4	420×891 420×1891	A0×2 A0×3	1189×1682 1189×2523	A3×5 A3×6	420×1486 420×1783
e	20		10			A4×3	297×630	A1×3	841×1783	A3×7	420×2080
c	10			5		A4×4 A4×5	297×841 297×1051	A1×4 A2×3	841×2378 594×1261	A4×6 A4×7	297×1261 297×1471
a	25							A2×4 A2×5	594×1682 594×2102	A4×8 A4×9	297×1682 297×1892

注:应优先采用基本幅面。

(6)线条粗细均匀且易分清,同一张图上的线型、宽度必须固定不变。图线规格可参考表5-2或相关技术标准。

表 5-2　机械制图图线格式

图线名称	图线格式	线宽 b/mm
粗实线	——————	0.35～1.0
细实线	——————	0.18～0.5
虚线	- - -	0.18～0.5
点画线	——·——·——	0.18
双点画线	——··——··——	0.18～0.5
波浪线	～～～～～～	0.18～0.5

注:线宽参考 GB/T 4457.4—2002。

二、标注尺寸

在装配图上必须标注下列主要尺寸:

(1)特性尺寸　表示设计产品或部件性能和规格的尺寸。如减速器的齿轮中心距及偏差,详见齿轮公差部分。

(2)配合尺寸　说明产品或部件内零件间装配要求的尺寸,包括配合尺寸和重要的相对位置尺寸。如滚动轴承内圈与轴颈的配合,外圈与轴承座孔的配合,轴上套筒与轴的配合,齿轮、皮带轮等轴上零件与轴的配合尺寸等,部分配合可参考表5-3。

表 5-3　减速器主要零件的荐用配合

配合零件	推荐配合	拆装方式
大中型减速器低速级齿轮(蜗轮)与轴;轮缘与轮芯	$\frac{H7}{r6}$;$\frac{H7}{s6}$	用压力机或温差法
一般齿轮、蜗轮、带轮、联轴器与轴	$\frac{H7}{r6}$;$\frac{H7}{n6}$	用压力机
有对中性要求且很少拆装的齿轮、蜗轮、联轴器与轴	$\frac{H7}{n6}$	用压力机
经常拆装的齿轮、蜗轮、联轴器与轴	$\frac{H7}{m6}$;$\frac{H7}{k6}$	用手锤
滚动轴承与轴(内圈旋转)	$j6$(轻负荷),$k6$、$m6$(中等负荷)	用压力机
滚动轴承与箱体孔(外圈部旋转)	$H7$(精度要求高时可选 $H6$)	用木槌
轴承套环与箱体孔	$\frac{H7}{h6}$	用木槌
轴承盖环与箱体孔	$\frac{H7}{h8}$	用木槌

(3)外形尺寸　表示设计产品所占据空间的尺寸。它供装箱和使用时决定所需空间的大小,如减速器的最大长度、宽度和高度。

(4)安装尺寸　表示把设计产品安装到其他装配体或基础上的尺寸。如减速器装到地基上的箱座底面尺寸,地脚螺栓孔的尺寸和位置,这些尺寸用以确定地基的大小和地脚螺栓的安装位置;输入和输出轴端的配合尺寸和长度尺寸;输入轴、输出轴轴线距机座底面的高度(中心高度),用以确定与其他装配体连接时地基的高度。

(5)其他重要尺寸　运动件的极限位置尺寸以及某些重要的结构尺寸等。

三、零部件编号

装配图上所有零部件都应标出序号,以便查找。编号时应注意以下几点:

(1)原则上相同零部件在装配图上只标一个序号;必要时,多次出现的相同零部件允许用同一序号重复标注。

(2)序号的字体建议比图上尺寸数字大两号。

(3)序号应注在视图外面,并按顺时针或逆时针方向顺序排列整齐(如在水平或垂直方向),且一张图上只能用一种顺序。

(4)指引线不能彼此相交,不能与剖面线平行,并尽可能少穿过其他零件。对于成组的紧固件(如螺栓、螺母、垫圈)及装配关系清楚的零件组可采用一条公共的指引线,以减少引线数目。

(5)独立部件(如滚动轴承、油标、焊接件)在图上只注上一个序号。

(6)装配图中零部件的序号应与明细栏中的序号一致。

四、标题栏和明细栏

标题栏布置在图纸右下角,用以说明设计产品的名称、绘图比例等。明细表是设计产品的所有零件的详细目录,制作标题栏的过程就是最后确定材料及标准件的过程。明细栏应由下至上填写,注明各零件或部件的序号、名称、数量、材料及标准规格等,且必须与视图中零部件序号一致。装配图标题栏(图 5-1)和明细表(图 5-2)可采用国标规定的统一格式。

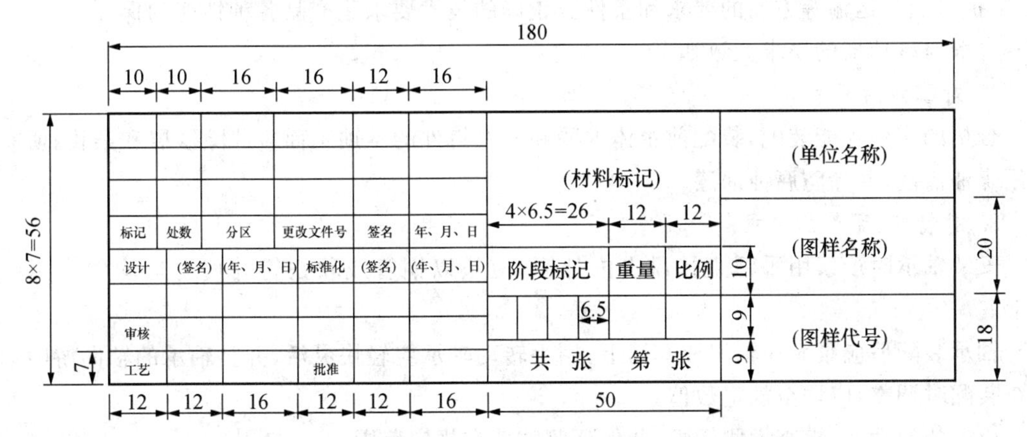

图 5-1　标题栏格式(摘自 GB/T 14689—2008)

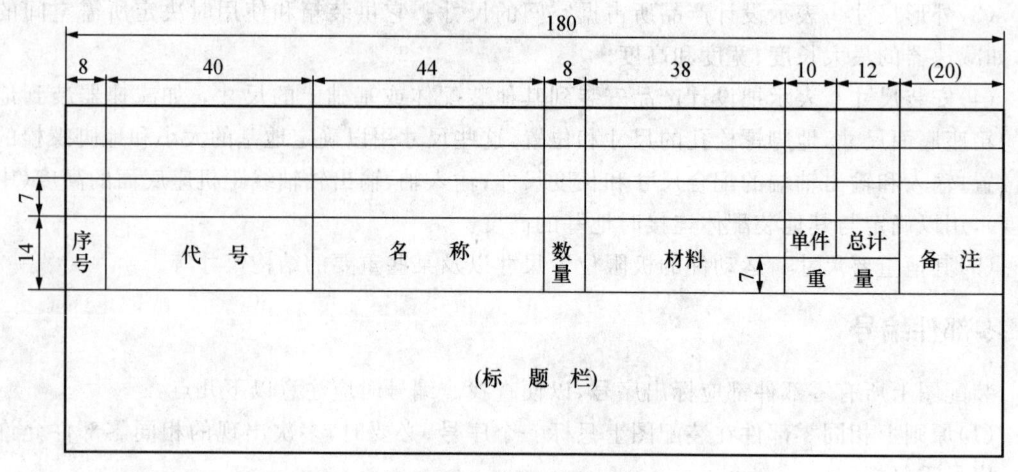

图 5-2 明细栏格式(摘自 GB/T 14689—1993)

五、减速器技术特性数据

在图上适当空白处列表标出减速器的技术特性数据，表中的具体内容可包括：减速器输入功率、输入轴转速、效率、总传动比及各级传动的主要参数。表 5-4 为二级减速器技术特性数据。

表 5-4 技术特性数据

传递功率/kW	输入轴转速/(r/min)	总传动比	总效率/%

六、技术要求

装配图中的技术要求是用文字或符号在图中说明用视图无法表达的有关装配、调整、检验、维护、包装、运输等方面的要求和条件。正确的技术要求是产品各种性能的保证。

一般对减速器的要求大致如下。

1. 对零件的要求

合格的零件才能装配，装配前箱体内壁和所有铸件的不加工面应清除铁屑和杂物，所有零件用煤油清洗，并涂防腐蚀油漆。

2. 对装配、调整的要求

安装轴承时严禁用手锤直接敲击内外圈，应垫以铜管或软铁管并使力量均匀作用在套圈上。

轴承装配后应紧靠在轴肩或套筒上，用手转动轴承应轻快灵活，并且轴承的轴向游隙如需要在装配时调整，应调至规定数值。

齿轮装配后，应检查齿侧间隙，并保证侧隙值在规定范围内。

跑合后用涂色法检查齿轮的接触斑点，接触斑点沿齿长及齿高方向的百分比应按齿轮传动公差的规定值。

3. 对密封的要求

减速器剖分面、各接触面及密封处，均不许漏油。剖分面允许涂密封胶或水玻璃，但严禁用垫片。

4. 对试验的要求

减速器装配后注入适量的润滑油进行空载跑合和负载试验。全部试验过程中，要求运转平稳、响声均匀且小，连接处不松动、密封处不渗油。

5. 对减速器外表、包装、运输等的要求

外伸轴及其零件应涂油并包装，箱体表面应涂漆，运输时不可倒置等。

以上技术要求仅供参考，不一定全部列出，根据设计的具体要求而定。

在完成零件工作图的设计时还有可能对装配图进行修改，待完成零件工作图后，按前述审查装配草图的方法，再审查一遍装配图。

第二节　零件工作图的设计

一、零件图设计概述

设计装配图虽能集中反映出设计人员总的设计意图，但要把此设计意图变成产品，就要把装配图中每个零件制造出来。为此，零件制造之前就必须完成每个零件的工作图设计。

零件工作图是制造、检验零件及制订加工工艺的基本技术依据。因此，它应详细表达出该零件的结构尺寸以及在加工与检验等方面的具体要求，如尺寸及其公差、表面粗糙度、形位公差、材料及其热处理要求等。

由于学时有限，在课程设计中，学生们通过绘制 1～3 个典型零件工作图来培养自己的设计能力，明确零件工作图的设计内容与要求。

零件工作图是根据装配图拆画的，其主要性能尺寸和配合尺寸应与装配图一致，不能随意改变。但在设计零件的过程中，综合考虑零件的加工工艺性后，也可适当修改零件的结构尺寸。因此，装配图可能也要作相应的修改。总之，装配图与零件图相应内容应保持一致。

完整的零件工作图应包括的基本内容和满足的基本要求如下。

1. 视图数量

视图的数量应足以清楚地表达出零件的结构形状和尺寸大小，并使视图数量尽量少，视图的位置要分布合理。不论零件的形状繁简或尺寸大小如何，每个零件只能单独地绘制在一张标准图纸幅面中。

2. 标注尺寸和偏差

制造零件时是根据零件图上的尺寸和偏差来进行加工和检验的。因此，应特别注意尺寸的标注问题。尺寸有任何细小的错误或易被人误解之处，将使零件造成废品。如果尺寸有遗漏，将使图纸成为一张废纸。所以对一张零件图上的尺寸标注，要求做到完整、不遗漏、不重复、不封闭，便于加工和测量。

所有的配合尺寸及精度要求较高的尺寸要标注公差。自由尺寸的公差一般可以不注出。尺寸标注的数字要正确、清楚、足够大，而用作分数(配合代号)、尺寸精度等级和偏差数值等的数字或字母一般比图上的尺寸数字小一号，但字也不能太小，以能清晰读出为准。

当标注的尺寸数字与图线相交时，应截断图线以使数字能够清楚地表达。

3. 形位公差

零件工作图上要标注必要的形位公差。形位公差是判定零件质量的重要技术指标之一，其数值的选取及标注方法可参考相关手册。

4. 标注粗糙度

零件所有表面都应标注表面粗糙度的数值。各种粗糙度的选用参考相关资料。标注粗糙度代号时应注意下列几点：

(1)各种粗糙度符号均用细实线画出。符号的尖端必须由材料外指向表面。

(2)表示零件上用得最多的一种粗糙度符号可统一标注在图的右上角，并加注“其余”两字，符号尺寸也应比图中的略大些。

(3)标注要求完全，不漏、不重。

5. 标题栏

在图纸的右下角应画出标题栏，其要求及格式参见 GB/T 14689—2008。

6. 技术要求

零件图上的技术要求是指一些不便用图形或符号标注的，但在制造和检验时又必须保证的条件和要求。一般包括对材料的要求和说明，热处理方法和热处理后的硬度要求，图上未注之倒角、圆角、斜度及其他特殊的要求等。

各类零件工作图设计有其各自特点，现分述如下。

二、轴类零件工作图设计

轴类零件是指圆柱体形状的零件，如轴、套筒等。

1. 视图

轴类零件的工作图一般只需一个视图即可表达清楚。轴上的键槽、孔或其他特殊形状可用剖视图或断面图来表示；对于退刀槽、砂轮越程槽、中心孔等，必要时可采用局部(放大)视图表达。结构上对有无中心孔都无关紧要时，则在零件图上可不画出中心孔，也不必附加任何注释。

2. 标注尺寸和偏差

轴类零件主要是标注径向和轴向两类尺寸。

在标注径向尺寸时，应特别注意配合部位(如装配齿轮、带轮、联轴器、轴承、键的部位)要标注尺寸偏差；不管直径是否相同，都应逐段标出轴径尺寸和偏差，不得省略。

为了便于检查和测量，尺寸偏差应同时标出代号和数值如 $\phi50k6(^{+0.018}_{-0.012})$，$\phi50H8(^{+0.089}_{0})$。与 P0 级精度轴承相配的轴颈，其尺寸公差等级一般为 IT6。

标注轴向尺寸时，要考虑尺寸链和基准面的选择问题。轴向尺寸不允许出现封闭的尺寸链(但必要时可用封闭环标注带有括号的参考尺寸，并且封闭环应在无严格要求的轴向尺寸段)。选择基准面时，应尽量使尺寸标注反映加工工艺及测量的要求。在减速器中，轴向尺寸可用垫片调整，同时要求也不严格，一般不做尺寸链计算，所以不必标注轴向尺寸的偏差。自由尺寸公差按 $h12-h13$ 或 $H12-H13$ 决定，一般不注出。

轴上键槽的尺寸及偏差可查阅手册。所有倒角与圆角都应标注(或在技术要求中说明)。

3. 标注形位公差

在轴上各重要表面要标注形状和位置公差，以保证减速器的装配质量及工作性能，同时它也是衡量零件加工质量的重要指标之一。轴的形位公差标注方法及公差等级可参考表 5-5 或查阅手册，并注意如下几点：

表 5-5　轴类零件形位公差推荐项目及其精度等级

公差类型	推荐公差项目	推荐精度等级	对零件工作性能的影响
形状公差	圆柱度：与转动零件或轴承的孔配合的圆柱面	IT7－IT8	传动零件、轴承与轴的配合松紧及对中性
位置公差	径向全跳动：与转动零件或轴承孔配合的圆柱面	IT6－IT8	传动零件或轴承的运转偏心
	端面圆跳动：定位轴肩对轴中心线	IT6－IT7	传动零件或轴承的定位及载荷均匀性
	对称度：键槽工作面对轴中心线	IT8－IT9	传动零件的载荷均匀性及拆装

(1)与轴承配合的轴颈表面要标注圆柱度（可影响与轴承配合的松紧及对中性）。轴承的定位轴肩要标注垂直度(⊥)或端面跳动(可影响轴承的定位及其受载的均匀性)。例如：对与 P_0 级精度轴承相配的轴颈为 $\phi 50k6$ 时，查阅机械设计手册可知轴颈表面圆柱度为 0.004 mm，轴肩端面圆跳动为 0.012 mm。

(2)与齿轮配合的轴表面要标注全跳动或圆跳动；齿轮的定位轴肩要标注端面跳动。

(3)键槽的工作面对轴中心线要标注对称度(以使键受载均匀及装拆方便)。一般按 GB/T 1184—2008(或机械设计手册)对称度公差 7～9 级选取，此时以键宽 b 作为公称尺寸。

若无特殊要求，形位公差也可不注。

4. 表面粗糙度

一般情况下，轴的所有表面都要进行机加工，所以都要标注粗糙度，加工表面粗糙度的荐用值可按表 5-6 选择或查阅手册。粗糙度值应尽量选取数值较大者，以利于节省加工成本。

表 5-6　轴加工表面粗糙度 *Ra* 的荐用值

<table>
<tr><th>加工表面</th><th colspan="4">Ra 荐用值 /μm</th></tr>
<tr><td>与传动件及联轴器轮毂相配合的表面</td><td colspan="4">0.8～3.2</td></tr>
<tr><td>与普通精度滚动轴承配合的表面</td><td colspan="4">1.6(当轴承内径 d≤80 mm)
3.2(当轴承内径 d>80 mm)</td></tr>
<tr><td>与传动件及联轴器相配合的轴肩端面</td><td colspan="4">3.2～6.3</td></tr>
<tr><td>与滚动轴承配合的轴肩端面</td><td colspan="4">3.2</td></tr>
<tr><td>平键键槽</td><td colspan="4">12.5(非工作面)，3.2～6.3(工作面)</td></tr>
<tr><td rowspan="4">密封装置处的轴表面</td><td colspan="2">毛毡式</td><td>皮碗式</td><td>间隙或迷宫式</td></tr>
<tr><td colspan="3">密封装置处的轴圆周速度 v/(m/s)</td><td rowspan="3">3.2～6.3</td></tr>
<tr><td>v≤3</td><td>3<v≤5</td><td>5<v≤10</td></tr>
<tr><td>1.6～3.2</td><td>0.8～1.6</td><td>0.4～0.8</td></tr>
<tr><td>其他表面</td><td colspan="4">12.5～13.2</td></tr>
</table>

5. 技术条件

轴类零件工作图的技术条件主要包括下列内容：

(1)对材料的机械性能及化学成分的要求。

(2)对材料表面机械性能的要求，如热处理方法、热处理后的硬度、渗碳层深度及淬火深度等。

(3)机加工的要求，如是否要保留中心孔；与其他零件配合加工的(如配铰)应说明。

(4)对图中未注明的圆角、倒角的说明，对个别部位的修饰加工要求等。

(5)对毛坯的要求。

(6)其他特殊要求。

轴零件工作图示例见图 5-3。

三、齿轮类(盘类)零件工作图设计

1. 圆柱齿轮工作图设计

圆柱齿轮零件工作图上一般应包括下列内容。

(1)视图数量　齿轮类零件工作图一般需要有两个视图，才能完整地表达齿轮的几何形状及轮坯的各部分尺寸和加工要求；而齿轮轴的视图则与轴类零件类似。齿轮主视图可将轴线水平布置，用剖视表达孔、轮毂、轮辐和轮缘的结构。键槽的尺寸和形状，可用断面图来表达。

(2)标注的尺寸和偏差　齿轮类零件要标注的尺寸主要是径向和齿宽两个方向的尺寸。齿轮的轴孔和端面既是工艺基准，也是测量和安装的基准；因此，径向尺寸可以轴的中心线为基准，齿宽方向的尺寸以端面为基准。

径向尺寸可标注在垂直于轴线的视图上，也可标注在齿宽方向的视图上。齿轮类零件的分度圆虽不能直接测量，但它是设计的基本尺寸，应注在齿轮的零件工作图上(一般标注在啮合特性表中)。径向尺寸中齿根圆是在规定的参数下刀具加工的自然结果，在图上不标注，也可不画出齿根圆的虚线。键槽尺寸最好集中标注在垂直于轴线的视图上。另外，所有的倒角、圆角、拔模斜度等易疏忽的尺寸不能遗漏。

齿轮类零件需要标注偏差的尺寸主要有：轮毂轴孔、齿顶圆直径、键槽宽及深。

①毂孔尺寸及偏差。轮毂孔(轴孔)是切制轮齿时的工艺基准，也是测量和安装基准，尺寸精度要求较高。为保证传动质量，应对轮毂孔或轴颈(对齿轮轴)规定相应的尺寸偏差。具体偏差值可按装配图中已选定的配合性质及精度查手册确定。

②齿顶圆的尺寸及偏差。齿顶圆的偏差值与齿顶圆直径是否作为工艺与测量基准有关。当齿顶圆作为加工找正或测量固定弦齿厚的基准时，其直径公差要小些。对 6、7、8 级精度(当 3 个公差组的精度等级不同时，按高的精度等级确定公差值)的齿轮，按渐开线圆柱齿轮精度 GB/T 10095—2001 规定，齿顶圆直径用标准公差 IT8，常取 $h8$；对 9～10 级精度的齿顶圆直径公差可取 $h9$。当齿顶圆不作测量基准时，直径公差可大些，常取 $h11$。

③键槽尺寸及偏差。在工作图中，轴槽深用 $d-t$ 或 t 标注，毂槽深用 $d+t_1$ 标注。$(d-t)$和$(d+t_1)$尺寸偏差按相应的 t 和 t_1 的偏差选取，具体数值可查阅机械设计手册。

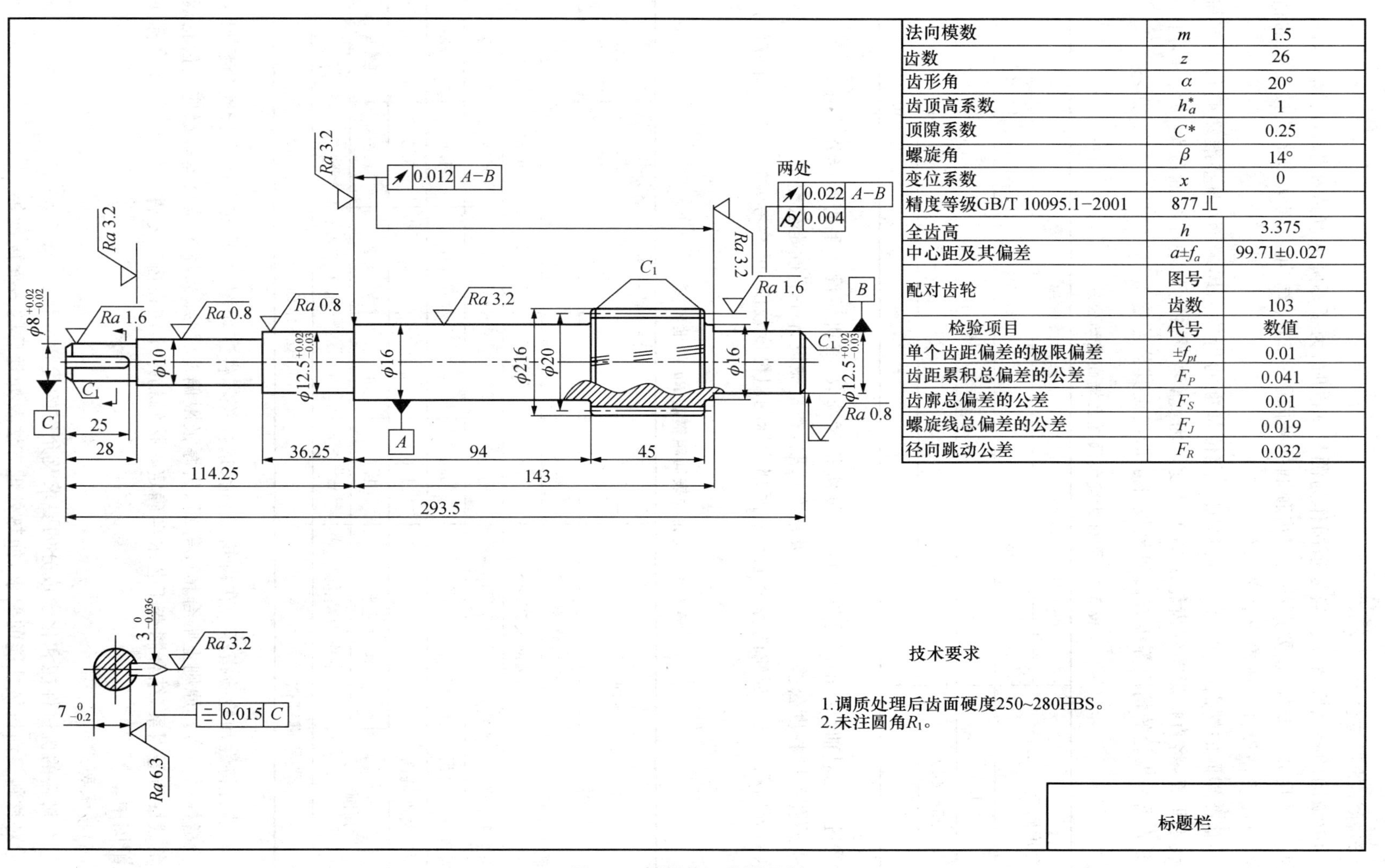

法向模数	m	1.5
齿数	z	26
齿形角	α	20°
齿顶高系数	h_a^*	1
顶隙系数	C^*	0.25
螺旋角	β	14°
变位系数	x	0
精度等级GB/T 10095.1-2001	877 JL	
全齿高	h	3.375
中心距及其偏差	$a\pm f_a$	99.71±0.027
配对齿轮	图号	
	齿数	103
检验项目	代号	数值
单个齿距偏差的极限偏差	$\pm f_{pt}$	0.01
齿距累积总偏差的公差	F_P	0.041
齿廓总偏差的公差	F_S	0.01
螺旋线总偏差的公差	F_J	0.019
径向跳动公差	F_R	0.032

图 5-3 轴零件工作图示例

(3)标注的形位公差

①齿顶圆的径向圆跳动。当齿顶圆作为测量基准时,为了不降低制造和检验的精度,除严格控制直径尺寸偏差外,还要严格规定齿顶圆的径向圆跳动公差,可参考表5-7或按齿轮的精度等级查阅机械设计手册确定其公差值。

②基准端面的端面跳动。作为齿形加工定位基准的齿轮毛坯端面(即基准端面),若其与轴心线不垂直,将直接影响到齿轮的加工精度。因此,要严格控制基准端面的跳动公差,可参考表5-7或按齿轮的精度等级查阅机械设计手册确定其公差值。

表5-7　圆柱齿轮齿顶圆及端面跳动公差　μm

分度圆直径/mm	齿轮精度等级		
	5～6级	7～8级	9～12级
＞125	11	18	28
125～400	14	22	36
400～800	20	32	50

③键槽宽对轴心线的对称度。按7～9级精度选取,查机械设计手册确定公差值。

④轴孔的圆柱度公差。按7～8级精度选取,查机械设计手册确定公差值。

(4)表面粗糙度　齿轮的各个主要表面都应标明粗糙度数值,可参考表5-8或查机械设计手册确定。

表5-8　齿轮的表面粗糙度 *Ra* 的推荐值　μm

加工表面		齿轮第Ⅰ组精度等级				
		6	7	8	9	10
轮齿工作表	法向模数≤8	0.4	0.8	1.6	3.2	6.3
	法向模数＞8	0.8	1.6	3.2	6.3	6.3
齿轮基准孔(轮毂孔)		0.8	0.8～1.6	1.6	3.2	3.2
齿轮基准轴颈		0.4	0.8	1.6	1.6	3.2
齿轮基准端面		1.6	3.2	3.2	3.2	6.3
齿顶圆	作为基准	1.6	1.6～3.2	3.2	6.3	12.5
	不作为基准	6.3～12.5				
平键键槽		3.2(工作面),6.3(非工作面)				

(5)啮合特性和检验指标　在齿轮、蜗轮、蜗杆等零件工作图中,应编写啮合特性参数和误差检验指标供参考。原则上啮合精度等级、齿厚极限偏差代号、齿坯形位公差等级应按齿轮运动及负载性质等因素,结合制造工艺水准确定。接触精度不注在齿轮零件工作图上,而是标注在装配图中。

(6)技术要求

①对材料的机械性能和化学成分的要求及允许的代替材料。

②对材料表面机械性能的要求,如热处理方法及处理后的表面硬度等。

③对图上未注明圆角、倒角及其他特殊要求。

④对毛坯的要求。

直齿圆柱齿轮及齿轮轴零件工作图示例见图 5-4 和图 5-5。

2. 圆锥齿轮工作图设计

(1)视图与圆柱齿轮相同。

(2)尺寸及偏差。圆锥齿轮工作图上要标注偏差的尺寸有：

①轮毂孔的尺寸及偏差——按装配图中的配合性质定；

②键槽宽度、深度的尺寸及偏差；

③大端外径的尺寸及偏差；

④顶锥角的极限偏差；

⑤齿宽的极限偏差；

⑥大端齿顶至安装基面的尺寸及偏差；

⑦基准端面到分度圆锥顶的尺寸及偏差。

上述尺寸偏差影响圆锥齿轮的啮合精度，必须在零件图上标出，具体偏差值可查机械设计手册。其他尺寸的标注与圆柱齿轮相同。

(3)形位公差

①齿顶圆锥径向跳动，其值查机械设计手册有关锥齿轮公差部分。

②基准端面跳动，其值查机械设计手册有关锥齿轮公差部分。

③键宽对轴心线的对称度，按 GB 13319—2008 中 7～9 级查。

(4)表面粗糙度，可参考表 5-8。

(5)啮合特性和检验指标，锥齿轮的检验项目可查阅机械设计手册。需要注意的是，接触精度只标注在装配图中，侧隙以大端分度圆弦齿厚最小减薄量及其公差来检验。

(6)技术要求，与圆柱齿轮相同。

直齿锥齿轮零件工作图示例见图 5-6。

四、箱体类零件工作图的设计

以铸造箱体为例，说明箱体类零件工作图的内容。

1. 视图数量

铸造箱体通常设计成剖分式，由箱座及箱盖组成。因此，箱体工作图应按箱座、箱盖两个零件分别绘制。箱盖及箱座是减速器中结构最复杂的零件。为了能把箱体的结构和尺寸完全表达清楚，除采用三个主要视图外，根据结构复杂程度，还可根据需要增加一些必要的局部视图、局部剖视图和局部放大图。

2. 标注的尺寸

箱体类零件由于结构较复杂，箱体的尺寸标注要比轴与齿轮等零件的标注复杂很多，标注尺寸时应注意的事项如下：

(1)形状尺寸是指箱体各部分形状的尺寸，如箱体的壁厚、长、宽、高，凸缘尺寸，孔径及深度，螺纹孔径及深度，圆角半径，倒角尺寸，加强筋厚度和高度，各曲线的曲率半径，各种槽的宽度和深度，各倾斜部分的斜度等。这类尺寸应直接标出，不应有任何形式的计算。

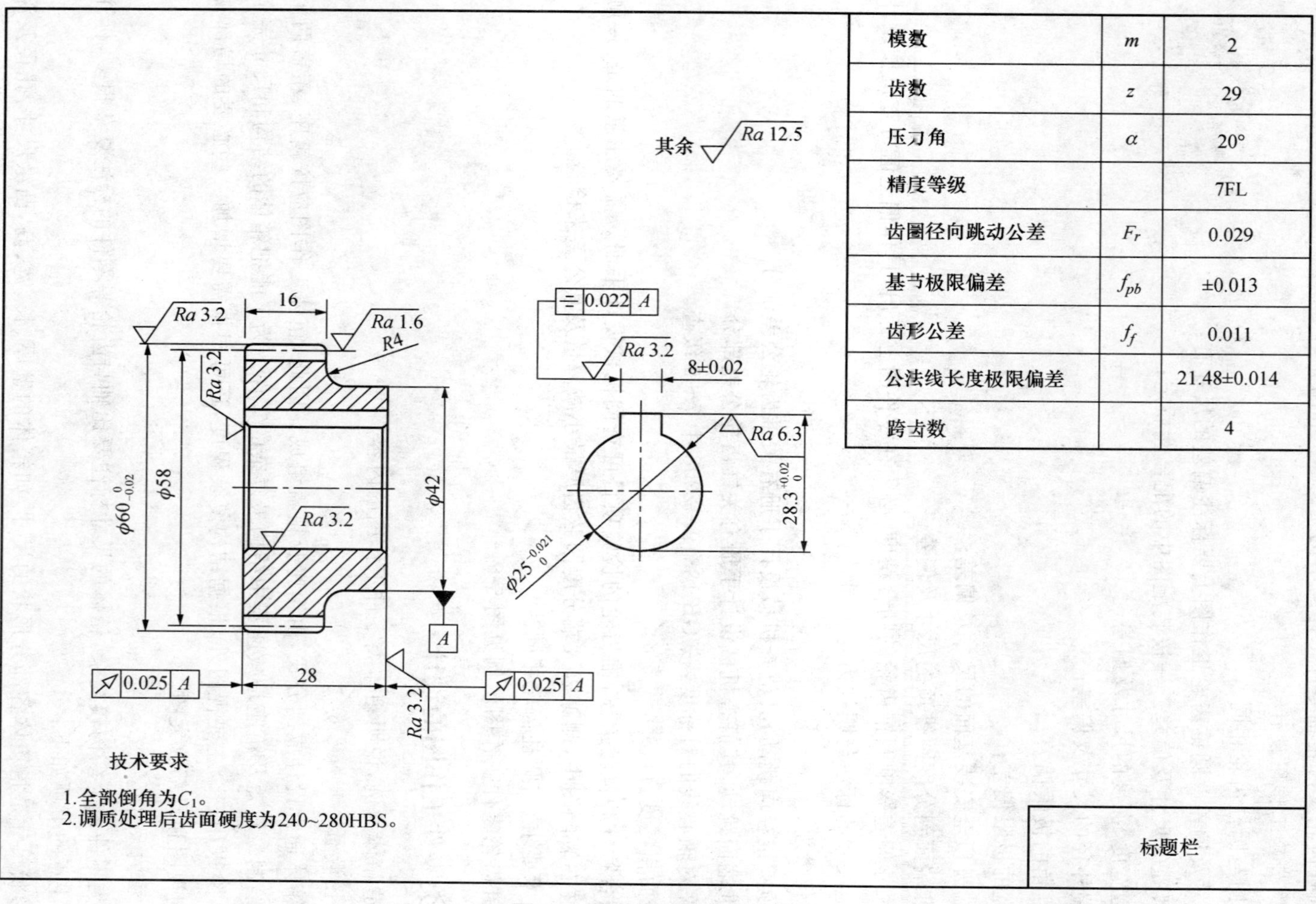

模数	m	2
齿数	z	29
压力角	α	20°
精度等级		7FL
齿圈径向跳动公差	F_r	0.029
基节极限偏差	f_{pb}	±0.013
齿形公差	f_f	0.011
公法线长度极限偏差		21.48±0.014
跨齿数		4

图 5-4 齿轮零件工作图示例

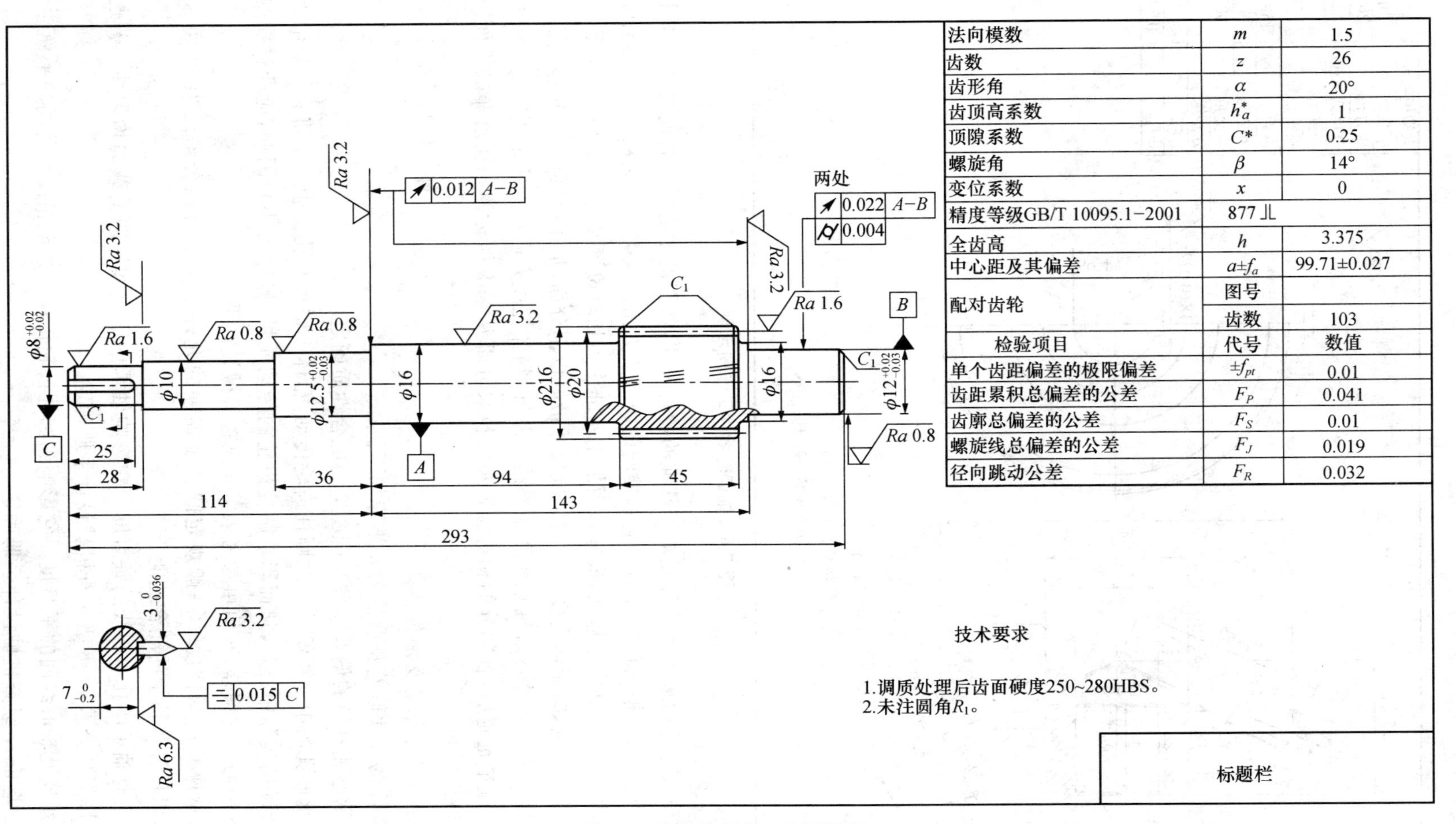

法向模数	m	1.5
齿数	z	26
齿形角	α	20°
齿顶高系数	h_a^*	1
顶隙系数	C^*	0.25
螺旋角	β	14°
变位系数	x	0
精度等级GB/T 10095.1−2001	877 JL	
全齿高	h	3.375
中心距及其偏差	$a \pm f_a$	99.71±0.027
配对齿轮	图号	
	齿数	103
检验项目	代号	数值
单个齿距偏差的极限偏差	$\pm f_{pt}$	0.01
齿距累积总偏差的公差	F_P	0.041
齿廓总偏差的公差	F_S	0.01
螺旋线总偏差的公差	F_J	0.019
径向跳动公差	F_R	0.032

图 5-5 齿轮轴零件工作图示例

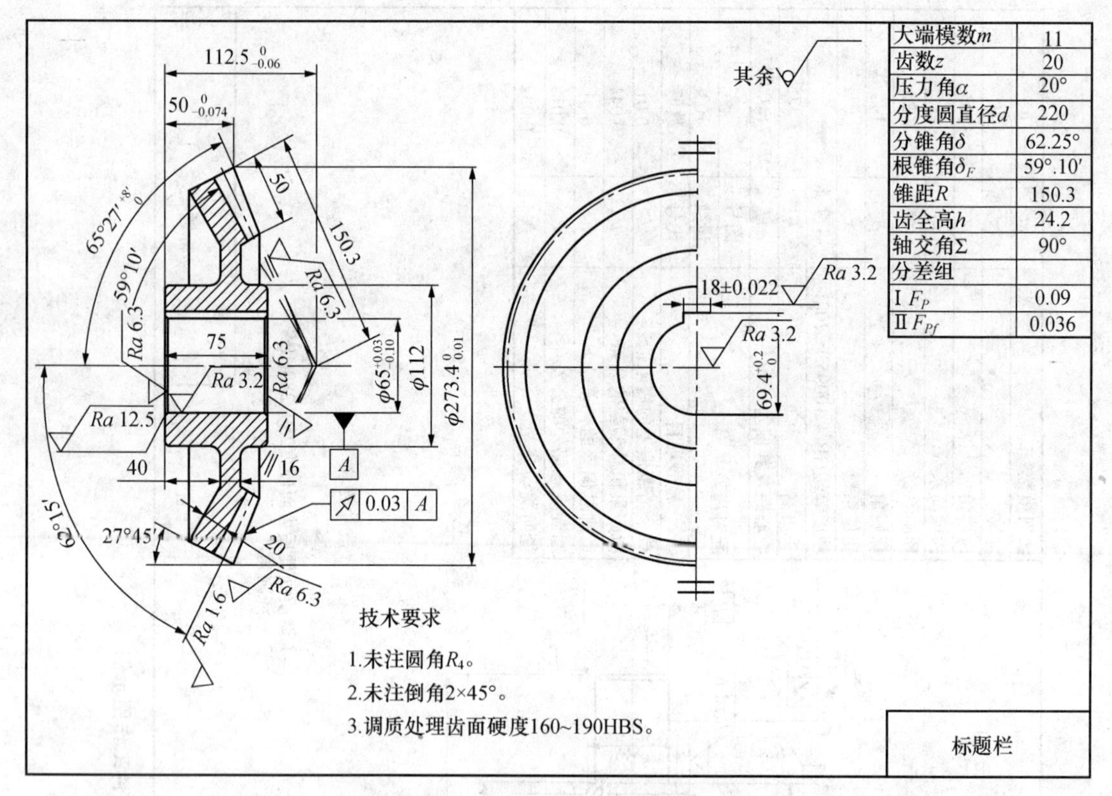

图 5-6 锥齿轮零件工作图示例

(2)定位尺寸是指箱体各部位相对于基准的位置尺寸,如孔的中心线及各曲线的曲率中心位置,斜度的起点,沟槽的位置等与相应基准间的距离或夹角。这类位置应从基准直接标出。

(3)标注时,首先要选好基准,最好采用加工基准作为相对位置及定位尺寸的基准面,这样便于加工和测量;例如,箱体高度方向的位置尺寸最好以剖分面(加工基准面)或箱座底面为基准;箱体长度方向的尺寸可取轴承座孔中心线为基准,箱体宽度方向尺寸应采用宽度对中心线作为基准。基准选定后,各部分的相对位置和定位尺寸都从基准面标注。注意非加工面不可以作为基准面。

3. 标注的尺寸偏差及形位公差

箱体要注的尺寸偏差及形位公差推荐如下。

(1)轴承座孔直径的偏差　按装配图中的配合性质确定。

(2)轴承座孔的中心距偏差　对圆柱齿轮传动,箱体上轴承座孔的中心距将直接影响到装配后齿轮传动的实际中心距,从而影响圆柱齿轮的传动质量(侧隙大小);因此,应严格控制箱体轴承座孔中心距的偏差,其值可参考表 5-9 或查机械设计手册。

(3)轴承座孔的圆柱度　一般规定圆柱度误差的允许值小于直径公差之半,也可采用 IT6－IT7,以保证与轴承的配合性能。

(4)端面对轴承座孔中心线的垂直度　它影响轴承的固定和轴向受载的均匀性。普通的轴承,也可按形位公差 7～8 级来查机械设计手册确定。

(5)轴承座孔轴心线间的平行度　它影响到圆柱齿轮传动的接触精度及传动的平稳性,其值按形位公差 6～7 级查机械设计手册确定。

(6)箱体剖面部分的平面度 它影响到接合面的密封性,其值按形位公差 7～8 级查机械设计手册确定。

表 5-9 减速器箱座的尺寸公差

尺寸名称	公差	
箱座高度	$h11$	
两轴承孔外端面之间的距离 L	有尺寸链要求时	(1/2)IT11
	无尺寸链要求时	$h14$
箱体轴承座孔中心距偏差 ΔA_0	$\Delta A_0=0.8f_a$,f_a 为齿轮中心距极限偏差	

4. 表面粗糙度

参考表 5-10 确定。

表 5-10 减速器箱体零件的表面粗糙度 *Ra*

μm

加工表面	推荐的 Ra 值
减速器剖分面	1.6～3.2
与普通精度滚动轴承配合的孔表面	1.6(孔≤80 mm),3.2(孔>80 mm)
轴承座外端面	3.2～6.3
减速器底面	12.5
油沟及窥视孔平面	12.5
螺栓孔及沉头座	12.5
圆锥销孔	1.6～3.2

5. 技术要求

铸造箱体的技术要求很多,下列几项仅供参考:

(1)箱体铸成以后应清砂并进行时效处理。

(2)箱盖和箱座合箱后,边缘应齐平,相互错位每侧不大于 2 mm。

(3)定位销孔应在合箱后配钻,打上定位销,用螺栓连接后再镗制轴承座孔。

(4)剖分面上应无蜂窝缩孔。单个缩孔深度不大于 3 mm,直径不大于 5 mm,其位置距外缘不得超过 15 mm,全部缩孔所占面积不大于接合面积的 5%。

(5)轴承座孔内表面上应无蜂窝状缩孔。单个缩孔深度不大于 4 mm,直径不大于 5 mm,每一轴承座孔上全部缩孔的面积不大于 2 cm^2。

(6)轴承座孔外端面的缺陷面积不大于加工表面的 15%,深度不大于 2 mm,位置应在轴承盖螺钉孔的外面。

(7)装观察孔盖的支承面上,缺陷深度不大于 1 mm,宽度不大于凸台宽度的 1/3,总面积不大于加工面的 5%。

(8)说明未注明的圆角半径、倒角、斜度。

以上技术要求并不一定全部列出,根据具体情况,列出必要的几项即可。

五、其他零件图的设计

减速器中除了箱体、齿轮、轴等这些非标准件外，还有如轴承端盖、挡油环等一些非标准件。为了将这些非标准件加工出来，也应当绘制其零件图。这些零件图的机构及其尺寸的选择参考本书的附录部分或机械设计手册。

第三节 编写设计计算说明书

设计计算说明书是整个设计的理论根据。它系统地说明了设计过程中所考虑的问题及各主要尺寸数据是如何确定的，是设计计算的整理与总结，也是说明设计的合理性、经济性过程。因此，它也是审核设计是否合理的主要技术文件之一。编写设计说明书是设计工作的主要组成部分.

装配工作图及零件工作图的主要设计计算过程均要在设计设计说明书中详细说明。

一、设计说明书的内容

对于以减速器为主要设计内容的机械传动设计，其设计说明书的主要内容如下。

(1)封面；

(2)目录(标题及页次)；

(3)设计任务书；

(4)总体传动方案设计；

(5)运动参数计算(包括电动机的选择、速比分配等)；

(6)各主要零件的设计计算(包括传动零件、轴、轴承、键和联轴器等的计算)；

(7)减速器的润滑、密封及装油量的计算；

(8)减速器结构特点及说明；

(9)设计小结(简要说明这次课程设计的体会，设计中的优、缺点及改进意见，对本课程的意见建议)；

(10)参考资料目录。

在设计计算过程中所用到的参考书籍和资料，应统一编号，并详细列出其名称、著者、出版单位及年月，以便查找。

二、设计说明书的要求

(1)要求设计步骤完整，设计思路清晰，计算正确，文字简明通顺，书写整洁。

(2)计算部分一律采用如下的形式(图 5-7)。

计算部分的顺序为先写出计算公式，然后代入数据，第三步就直接写出计算结果，并标注单位，中间的详细运算及修改过程就不必写出。为了查找方便，在右面主要计算结果栏内要列出主要参数的取用数值。另外，对计算的结果需要作简短的结论，如“合用”、“安全”，“在允许的范围内”。

(3)为了简化设计说明书，在计算过程中要说明公式和数据来源(标注所用的参考书籍及

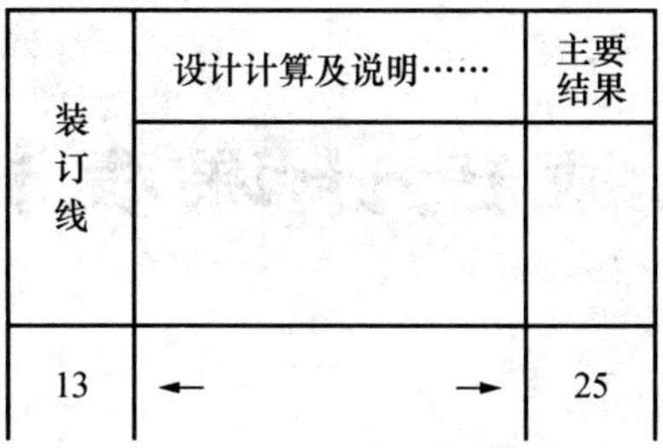

装订线	设计计算及说明……	主要结果
13	← →	25

图 5-7　设计计算及说明格式

资料),只需注明参考文献编号及页数、图号或表号即可。

(4)为了设计计算清晰易读,可在说明书中适当地画一些简图,如传动件及轴的受力分析、弯矩和扭矩图等。

(5)统一用纸规格,并装订成册。

第六章　机械设计课程设计任务书

第一节　课程设计的题目要求

课程设计的题目选择对学生的知识掌握和能力培养有直接影响，基于机械设计课程设计的教学目的，设计题目应满足以下要求：

(1)能较全面地反映机械设计课程的教学内容；

(2)难易程度应适合学生设计能力的培养和训练；

(3)设计工作量适合教学计划的安排；

(4)设计参考资料较齐全，便于组织教学。

根据多年的教学实践经验，以设计机器的传动装置和简单机械为课程设计题目最为适宜。

该类设计题目几乎涵盖了机械设计中基本通用零件的设计。机械设计课程设计是所学机械基础系列课程的总结，综合性很强，以传动装置作为设计题目很成熟，与之配套的图册、手册等设计资料也比较齐全，对于第一次做综合设计的学生有很大帮助。

本书选入的设计题目以常见机器的传动装置为主，为使课程设计更具实践价值，学生在进行设计时，应考虑每种机器的特定作业环境（如粉尘、酸碱度、温度、湿度及传动装置的空间位置、固定安装方式等）和其他特殊要求（如食品的无污染、无公害等）。

设计任务书没有给出具体的设计方案，要求学生根据机器的工作条件和给定的原始数据，进行多方案设计，通过对不同方案的分析比较，选定一种方案进行详细设计。

为激发学生的学习兴趣，另有自选题目。学生可以联系生产、生活实践自行制定设计任务，设计机器的传动装置或小型机械，但设计难度、工作量应满足课程设计的要求。课程设计可以和全国大学生机械创新设计大赛或其他设计大赛相结合，根据不同主题，确定不同的设计任务。

第二节 设计题目

题目一 设计矿山带式运输机的传动装置(图 T 6-1)

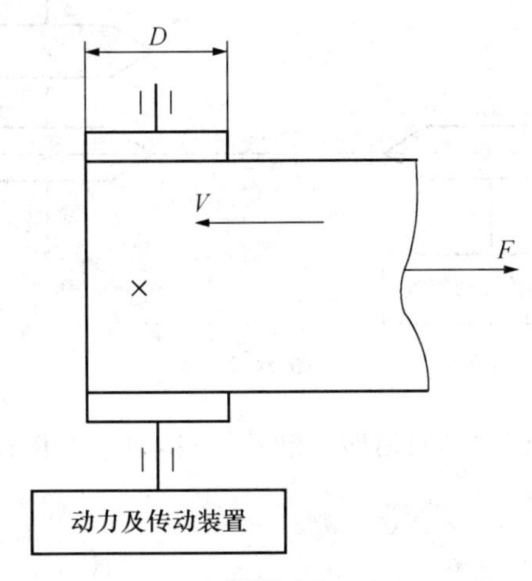

图 T 6-1

(1)工作条件:双班制,连续单向运转。载荷平稳,室外工作,运输带允许速度误差±5%。

(2)使用期限:10 年。

(3)生产条件:中、小型规模机械厂,批量生产。

(4)动力来源:电力。三相交流(220/380 V)。

(5)原始数据:

题号	1-1	1-2	1-3	1-4	1-5	1-6	1-7	1-8	1-9
运输带牵引力 F/kN	2.3	2.2	2.4	2.2	2.5	2.3	2.1	2.4	2.5
运输带速度 V/(m/s)	1.3	1.0	1.2	1.3	0.9	1.0	1.1	0.9	1.2
卷筒直径 D/mm	320	300	320	300	290	310	320	280	290

题目二　设计链式输送机的传动装置(图 T6-2)

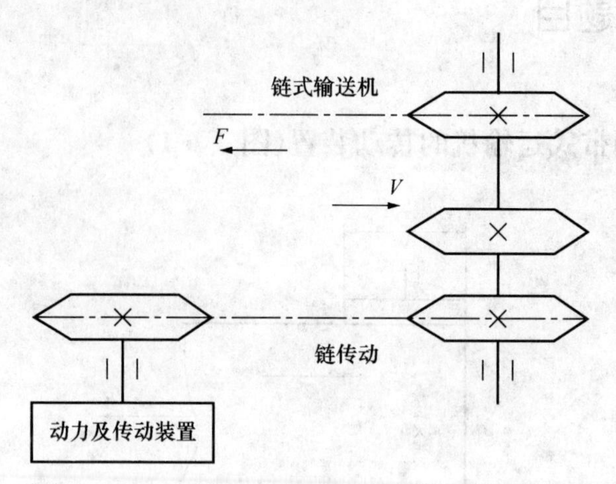

图 T6-2

(1)工作条件:单班制。连续单向运转。载荷平稳,室内工作;运输链允许速度误差±5%,工作环境不允许被工业油污染。

(2)使用期限:10 年。

(3)生产条件:中、小型规模机械厂,批量生产。

(4)动力来源;电力。三相交流(220/380 V)。

(5)原始数据:

题号	2-1	2-2	2-3	2-4	2-5	2-6	2-7	2-8	2-9
输送链拉力 F/kN	2.8	2.5	3.4	4.3	3.4	4.0	2.6	3.3	3.2
输送链速度 V/(m/s)	0.8	0.9	0.9	0.7	0.7	0.8	0.9	0.9	0.7
输送链节距 p/mm	80	80	80	100	100	100	80	80	80
输送链链轮齿数/z	13	13	13	11	11	11	15	15	15

题目三　设计谷物干燥系统中螺旋运输机的传动装置(图 T6-3)

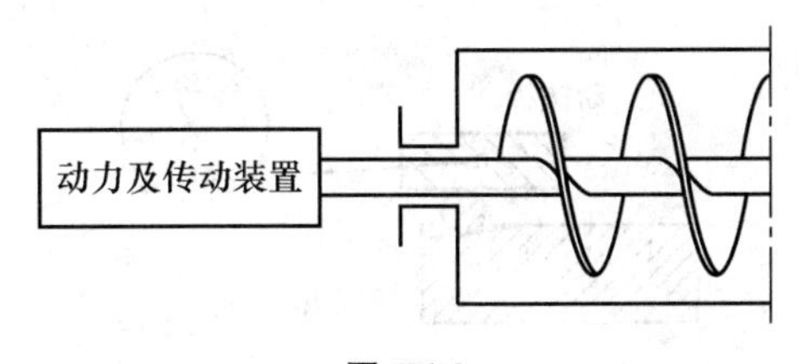

图 T6-3

(1)工作条件:单班制,连续单向运转。载荷平稳,有粉尘。搅龙轴转速允许误差±5%。

(2)使用期限:5 年。

(3)生产条件:中、小型规模机械厂,批量生产。

(4)动力来源:电力。三相交流(220/380 V)。

(5)原始数据:

题号	3-1	3-2	3-3	3-4	3-5	3-6	3-7	3-8	3-9
输送功率 P_w/kW	1.7	2.1	1.6	2.3	2.9	3.1	2.8	2.2	3.0
搅龙轴转速 n_w/(r/min)	60	70	80	65	50	65	70	75	60

题目四　设计棒料校直机的传动装置(图 T6-4)

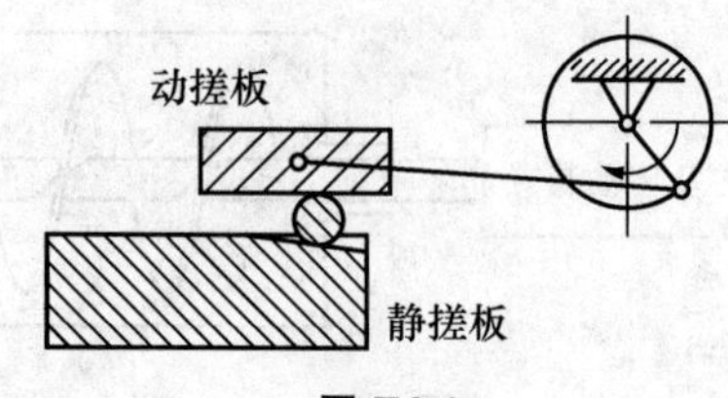

图 T6-4

(1)工作条件:双班制,连续单向运转。载荷平稳,驱动轮转速误差允许±5%。

(2)使用期限:5 年。

(3)生产条件:中、小型规模机械厂,批量生产。

(4)动力来源:电力。三相交流(220/380 V)。

(5)原始数据:

题号	4-1	4-2	4-3	4-4	4-5	4-6	4-7	4-8	4-9
驱动轮功率 P/kW	2.4	4.3	3.0	3.2	4.2	2.2	3.0	3.1	2.3
生产率/(根/min)	85	100	65	80	120	110	70	80	110

题目五 设计自动扶梯的传动装置(图 T6-5)

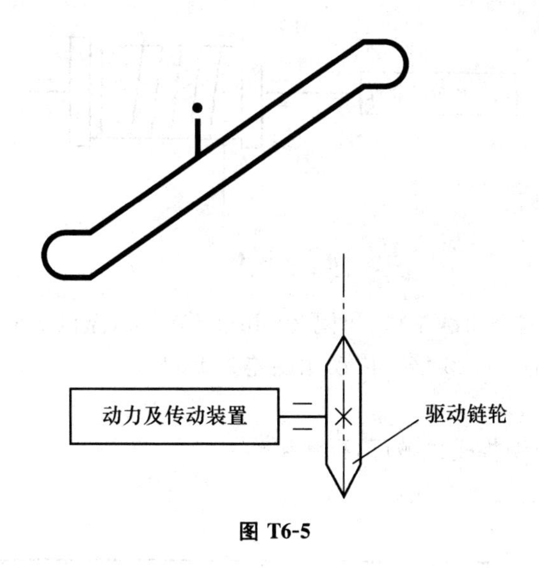

图 T6-5

(1)工作条件:单班制。单向运转。载荷有一定冲击,驱动轮允许转速误差±5%。

(2)使用期限:10 年。

(3)生产条件:大、中型规模机械厂,批量生产。

(4)动力来源:电力。三相交流(220/380 V)。

(5)原始数据:

题号	5-1	5-2	5-3	5-4	5-5	5-6	5-7	5-8	5-9
驱动轮功率 P/kW	4.3	3.2	3.1	4.2	4.1	3.0	3.1	3.0	3.3
驱动轮转速 n/(r/min)	70	65	72	68	68	55	60	56	58

题目六　绞车传动装置设计(图 T6-6)

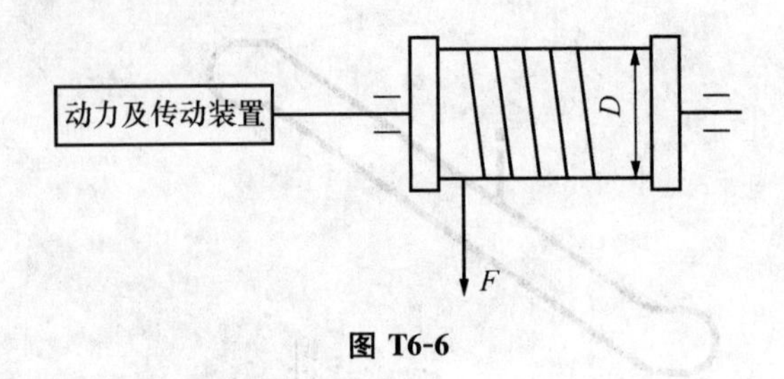

图 T6-6

(1)工作条件:两班制。间歇工作,每隔 2 min 工作一次,停机 5 min。传动可逆转,载荷平稳,启动载荷为名义载荷的 1.25 倍。传动比误差为±5%。

(2)使用期限:10 年。

(3)生产条件:中、小型规模机械厂,批量生产。

(4)动力来源:电力。三相交流(220/380 V)。

(5)原始数据:

题号	6-1	6-2	6-3	6-4	6-5	6-6	6-7	6-8	6-9
拉力 F/kN	3.1	4.0	3.5	3.0	4.5	5.0	4.5	4.5	3.6
卷筒转速 n/(r/min)	65	60	70	65	60	55	65	55	70
卷筒直径 D/mm	235	230	220	230	240	220	220	240	225

题目七 设计鸡舍链板式喂饲机的传动装置(图 T6-7)

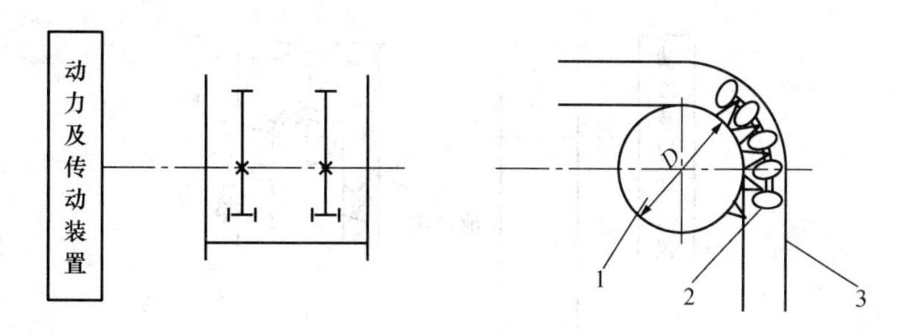

图 T6-7

1. 转角轮 2. 饲槽 3. 链环

(1)工作条件:双班制,连续单向运转。载荷平稳,驱动轮转速误差允许±5%。注意饲料的工业污染问题。

(2)使用期限:5 年。

(3)生产条件:中、小型规模机械厂,批量生产。

(4)动力来源:电力。三相交流(220/380 V)。

(5)原始数据:

题号	7-1	7-2	7-3	7-4	7-5	7-6	7-7	7-8	7-9
驱动轮工作功率 P_W/kW	1.6	1.7	1.6	2.0	1.7	1.6	2.3	2.2	2.1
饲链移动速度 V/(m/s)	0.5	0.6	0.55	0.5	0.6	0.55	0.5	0.5	0.45
驱动轮直径 D/mm	120	140	160	120	130	150	160	150	130

题目八　设计谷物清选机斗式升运器的传动装置(图 T6-8)

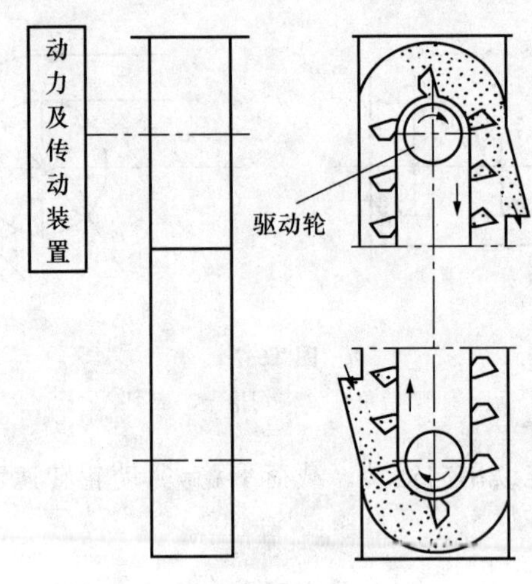

图 T6-8

(1)工作条件:单班制,连续单向运转。载荷平稳,室外工作,料斗允许速度误差±5%。

(2)使用期限:10 年。

(3)生产条件:中、小型规模机械厂,批量生产。

(4)动力来源:电力。三相交流(220/380 V)。

(5)原始数据:

题号	8-1	8-2	8-3	8-4	8-5	8-6	8-7	8-8	8-9
驱动轮工作功率 P_W/kW	2.1	2.3	2.2	2.1	2.3	2.4	3.0	2.8	2.9
料斗升运速度 V/(m/s)	1.4	1.5	1.6	1.3	1.2	1.2	1.5	1.3	1.4
驱动轮直径 D/mm	180	200	220	200	180	160	220	180	200

题目九　设计小型水果去核机切削机构的传动装置(图 T6-9)

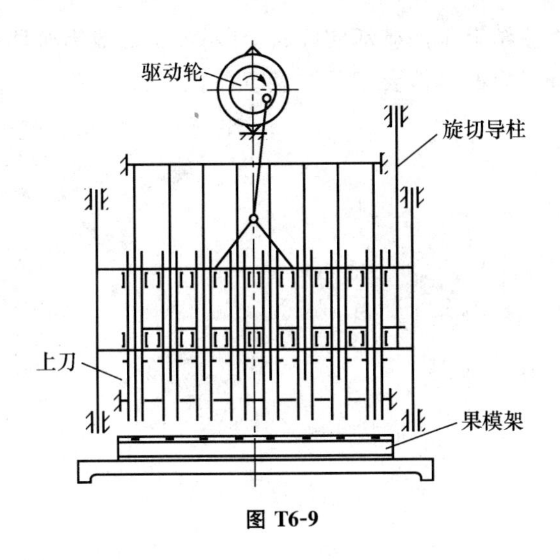

图 T6-9

(1)工作条件:单班制,连续单向运转。载荷平稳,室内工作,工作环境不允许被工业油污染。切削速度允许误差±5%。

(2)使用期限:5 年。

(3)生产条件:中、小型规模机械厂,批量生产。

(4)动力来源:电力。三相交流(220/380 V)。

(5)原始数据:

题号	9-1	9-2	9-3	9-4	9-5	9-6	9-7	9-8	9-9
最大切削力 F/kN	2.90	2.85	2.75	2.85	2.70	2.80	2.50	2.80	3.00
切削速度 G/(次/min)	60	60	45	48	60	45	50	55	60
驱动轮直径 D/mm	220	240	260	220	250	220	250	260	230

题目十　自选题目

要求：根据市场调查或结合生产生活实际，设计小型机械或为机器设计传动装置。自己制定设计任务书，写明设计对象的具体要求及注意事项。

附录

一、常用滚动轴承

附表 1　深沟球轴承的动载荷系数 X、Y

F_a/C_{0r}	$F_a/F_r \leqslant e$		$F_a/F_r > e$		e
	X	Y	X	Y	
0.014	1	0	0.56	2.30	0.19
0.028				1.99	0.22
0.056				1.71	0.26
0.084				1.55	0.28
0.11				1.45	0.30
0.17				1.31	0.34
0.28				1.15	0.38
0.42				1.04	0.42
0.56				1.00	0.44

附表 2　深沟球轴承(摘自 GB/T 276—2013)

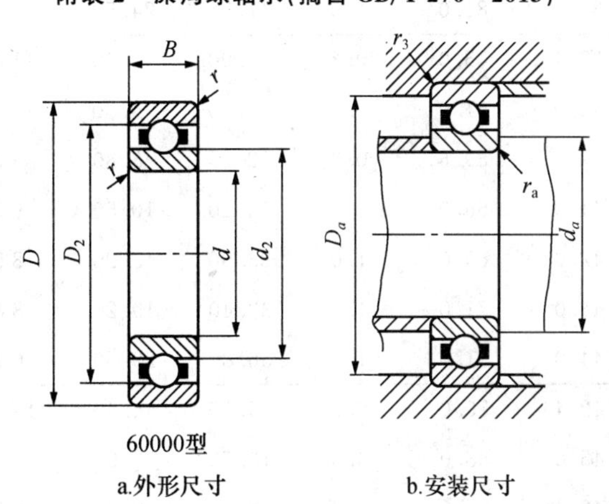

a.外形尺寸　　b.安装尺寸

轴承代号	基本尺寸/mm			安装尺寸/mm			基本额定载荷/kN		极限转速/(r/min)		重量/kg
	d	D	B	d_a(min)	D_a(max)	r_a(max)	C_r	C_{0r}	脂润滑	油润滑	
61804	20	32	7	22.4	30.0	0.3	3.50	2.20	18 000	24 000	0.015
61904	20	37	9	22.4	34.6	0.3	6.40	3.70	17 000	22 000	0.031

续附表 2

轴承代号	基本尺寸/mm			安装尺寸/mm			基本额定载荷/kN		极限转速/(r/min)		重量/kg
	d	D	B	d_a(min)	D_a(max)	r_a(max)	C_r	C_{0r}	脂润滑	油润滑	
16004	20	42	8	22.4	39.6	0.3	7.90	4.50	16 000	19 000	0.052
6004	20	42	12	25.0	38.0	0.6	9.38	5.02	16 000	19 000	0.068
6204	20	47	14	26.0	42.0	1.0	12.80	6.65	14 000	18 000	0.103
6304	20	52	15	27.0	45.0	1.0	15.80	7.88	13 000	16 000	0.142
6404	20	72	19	27.0	46.0	1.0	31.00	15.20	9 500	13 000	0.400
61805	25	37	7	27.4	35.0	0.3	4.30	2.90	16 000	20 000	0.017
61905	25	42	9	27.4	40.0	0.3	7.00	4.50	14 000	180 00	0.038
16005	25	47	8	27.4	44.6	0.3	8.80	5.60	13 000	17 000	0.059
6005	25	47	12	30.0	43.0	0.6	10.00	5.85	13 000	17 000	0.078
6205	25	52	15	31.0	43.0	1.0	14.00	7.88	12 000	15 000	0.127
6305	25	62	17	32.0	47.0	1.0	22.20	11.50	10 000	14 000	0.219
6405	25	80	21	34.0	55.0	1.5	38.20	19.20	8 500	11 000	0.529
61806	30	42	7	32.4	40.0	0.3	4.70	3.60	13 000	17 000	0.019
61906	30	47	9	32.4	44.6	0.3	7.20	5.00	12 000	16 000	0.043
16006	30	55	9	32.4	52.6	0.3	11.20	7.40	11 000	14 000	0.084
6006	30	55	13	36.0	50.0	1.0	13.20	8.30	11 000	14 000	0.113
6206	30	62	16	36.0	56.0	1.0	19.50	11.50	9 500	13 000	0.200
6306	30	72	19	37.0	65.0	1.0	27.00	15.20	9 000	11 000	0.349
6406	30	90	23	39.0	81.0	1.5	47.50	24.50	8 000	10 000	0.710
61807	35	47	7	37.4	45.0	0.3	4.90	4.00	11 000	15 000	0.023
61907	35	55	10	40.0	51.0	0.6	9.50	6.80	10 000	13 000	0.078
16007	35	62	9	37.4	59.6	0.3	12.20	8.80	9 500	12 000	0.107
6007	35	62	14	41.0	56.0	1.0	16.20	10.50	9 500	12 000	0.148
6207	35	72	17	42.0	65.0	1.0	25.50	15.20	8 500	11 000	0.288
6307	35	80	21	44.0	71.0	1.5	33.40	19.20	8 000	9 500	0.455
6407	35	100	25	44.0	91.0	1.5	56.80	29.50	6 700	8 500	0.926
61808	40	52	7	42.4	50.0	0.3	5.10	4.40	10 000	13 000	0.026
61908	40	62	12	45.0	58.0	0.6	13.70	9.90	9 500	12 000	0.103
16008	40	68	9	42.4	65.6	0.3	12.60	9.60	9 000	11 000	0.125
6008	40	68	15	46.0	62.0	1.0	17.00	11.80	9 000	11 000	0.185
6208	40	80	18	47.0	73.0	1.0	29.50	18.00	8 000	10 000	0.368
6308	40	90	23	49.0	81.0	1.5	40.80	24.00	7 000	8 500	0.639
6408	40	110	27	50.0	100.0	2.0	65.50	37.50	6 300	8 000	1.221

续附表2

轴承代号	基本尺寸/mm			安装尺寸/mm			基本额定载荷/kN		极限转速/(r/min)		重量/kg
	d	D	B	d_a(min)	D_a(max)	r_a(max)	C_r	C_{0r}	脂润滑	油润滑	
61809	45	58	7	47.4	56.0	0.3	6.40	5.60	9 000	12 000	0.030
61909	45	68	12	50.0	63.0	0.6	14.10	10.90	8 500	11 000	0.123
16009	45	75	10	50.0	70.0	0.6	15.60	12.20	8 000	10 000	0.155
6009	45	75	16	51.0	69.0	1.0	21.00	14.80	8 000	10 000	0.230
6209	45	85	19	52.0	78.0	1.0	31.50	20.50	7 000	9 000	0.416
6309	45	100	25	54.0	91.0	1.5	52.80	31.80	6 300	7 500	0.837
6409	45	120	29	55.0	110.0	2.0	77.50	45.50	5 600	7 000	1.520
61810	50	65	7	52.4	62.6	0.3	6.60	6.10	8 500	10 000	0.043
61910	50	72	12	55.0	68.0	0.6	14.50	11.70	8 000	9 500	0.122
16010	50	80	10	55.0	75.0	0.6	16.10	13.10	8 000	9 500	0.166
6010	50	80	16	56.0	74.0	1.0	22.00	16.20	7 000	9 000	0.250
6210	50	90	20	57.0	83.0	1.0	35.00	23.20	6 700	8 500	0.463
6310	50	110	27	60.0	100.0	2.0	61.80	38.00	6 000	7 000	1.082
6410	50	130	31	62.0	118.0	2.1	92.20	55.20	5 300	6 300	1.855
61811	55	72	9	57.4	69.6	0.3	9.10	8.40	8 000	9 500	0.070
61911	55	80	13	61.0	75.0	1.0	15.90	13.20	7 500	9 000	0.170
16011	55	90	11	60.0	85.0	0.6	19.40	16.20	7 000	8 500	0.207
6011	55	90	18	62.0	83.0	1.0	30.20	21.80	7 000	8 500	0.362
6211	55	100	21	64.0	91.0	1.5	43.20	29.20	6 000	7 500	0.603
6311	55	120	29	65.0	110.0	2.0	71.50	44.80	5 600	6 700	1.367
6411	55	140	33	67.0	128.0	2.1	100.00	62.50	4 800	6 000	2.367
61812	60	78	10	62.4	75.6	0.3	9.10	8.70	7 000	8 500	0.093
61912	60	85	13	66.0	80.0	1.0	16.40	14.20	6 700	8 000	0.181
16012	60	95	11	65.0	90.0	0.6	19.90	17.50	6 300	7 500	0.224
6012	60	95	18	67.0	89.0	1.0	31.50	24.20	6 300	7 500	0.385
6212	60	110	22	69.0	101.0	1.5	47.80	32.80	5 600	7 000	0.789
6312	60	130	31	72.0	118.0	2.1	81.80	51.80	5 000	6 000	1.710
6412	60	150	35	72.0	138.0	2.1	109.00	70.00	4 500	5 600	2.811
61813	65	85	10	69.0	81.0	0.6	11.90	11.50	6 700	8 000	0.130
61913	65	90	13	71.0	85.0	1.0	17.40	16.00	6 300	7 500	0.196
16013	65	100	11	70.0	95.0	0.6	20.50	18.60	6 000	7 000	0.241
6013	65	100	18	72.0	93.0	1.0	32.00	24.80	6 000	7 000	0.410
6213	65	120	23	74.0	111.0	1.5	57.20	40.00	5 000	6 300	0.990

续附表2

轴承代号	基本尺寸/mm			安装尺寸/mm			基本额定载荷/kN		极限转速/(r/min)		重量/kg
	d	D	B	d_a(min)	D_a(max)	r_a(max)	C_r	C_{0r}	脂润滑	油润滑	
6313	65	140	33	77.0	128.0	2.1	93.80	60.50	4 500	5 300	2.100
6413	65	160	37	77.0	148.0	2.1	118.00	78.50	4 300	5 300	3.342
61814	70	90	10	74.0	86.0	0.6	12.10	11.90	6 300	7 500	0.138
61914	70	100	16	76.0	95.0	1.0	23.70	21.10	6 000	7 000	0.336
16014	70	110	13	75.0	105.0	0.6	27.90	25.00	5 600	6 700	0.386
6014	70	110	20	77.0	103.0	1.0	38.50	30.50	5 600	6 700	0.575
6214	70	125	24	79.0	116.0	1.5	60.80	45.00	4 800	6 000	1.084
6314	70	150	35	82.0	138.0	2.1	105.00	68.00	4 300	5 000	2.550
6414	70	180	42	84.0	166.0	2.5	140.00	99.50	3 800	4 500	4.896
61815	75	95	10	79.0	91.0	0.6	12.50	12.80	6 000	7 000	0.147
61915	75	105	16	81.0	100.0	1.0	24.30	22.50	5 600	6 700	0.355
16015	75	115	13	80.0	110.0	0.6	28.70	26.80	5 300	6 300	0.411
6015	75	115	20	82.0	108.0	1.0	40.20	33.20	5 300	6 300	0.603
6215	75	130	25	84.0	121.0	1.5	66.00	49.50	4 500	5 600	1.171
6315	75	160	37	87.0	148.0	2.1	113.00	76.80	4 000	4 800	3.050
6415	75	190	45	89.0	176.0	2.5	154.00	115.00	3 600	4 300	5.379
61816	80	100	10	84.0	96.0	0.6	12.70	13.30	5 600	6 700	0.155
61916	80	110	16	86.0	105.0	1.0	24.90	23.90	5 300	6 300	0.375
16016	80	125	14	85.0	120.0	0.6	33.10	31.40	5 000	6 000	0.539
6016	80	125	22	87.0	118.0	1.0	47.50	39.80	5 000	6 000	0.821
6216	80	140	26	9.0	130.0	2.0	71.50	54.20	4 300	5 300	1.448
6316	80	170	39	92.0	158.0	2.1	123.00	86.50	3 800	4 500	3.610
6416	80	200	48	94.0	186.0	2.5	163.00	125.00	3 400	4 000	6.752
61817	85	110	13	90.0	105.0	1.0	19.20	19.80	5 000	6 300	0.245
61917	85	120	18	92.0	113.5	1.0	31.90	29.70	4 800	6 000	0.507
16017	85	130	14	90.0	125.0	0.6	34.00	33.30	4 500	5 600	0.568
6017	85	130	22	92.0	123.0	1.0	50.80	42.80	4 500	5 600	0.848
6217	85	150	28	95.0	140.0	2.0	83.20	63.80	4 000	5 000	1.803
6317	85	180	41	99.0	166.0	2.5	132.00	96.50	3 600	4 300	4.284
6417	85	210	52	103.0	192.0	3.0	175.00	138.00	3 200	3 800	7.933
61818	90	115	13	95.0	110.0	1.0	19.50	20.50	4 800	6 000	0.258
61918	90	125	18	97.0	118.5	1.0	32.80	31.50	4 500	5 600	0.533
16018	90	140	16	96.0	134.0	1.0	41.50	39.30	4 300	5 300	0.671

续附表2

轴承代号	基本尺寸/mm			安装尺寸/mm			基本额定载荷/kN		极限转速/(r/min)		重量/kg
	d	D	B	d_a(min)	D_a(max)	r_a(max)	C_r	C_{0r}	脂润滑	油润滑	
6018	90	140	24	99.0	131.0	1.5	58.00	49.80	4 300	5 300	1.100
6218	90	160	30	100.0	150.0	2.0	95.80	71.50	3 800	4 800	2.170
6318	90	190	43	104.0	176.0	2.5	145.00	108.00	3 400	4 000	4.970
6418	90	225	54	108.0	207.0	3.0	192.00	158.00	2 800	3 600	9.560
61819	95	120	13	100.0	115.0	1.0	19.80	21.30	4 500	5 600	0.270
61919	95	130	18	102.0	124.0	1.0	33.70	33.30	4 300	5 300	0.560
16019	95	145	16	101.0	139.0	1.0	42.70	41.90	4 000	5 000	0.710
6019	95	145	24	104.0	136.0	1.5	57.80	50.00	4 000	5 000	1.150
6219	95	170	32	107.0	158.0	2.1	110.00	82.80	3 600	4 500	2.620
6319	95	200	45	109.0	186.0	2.5	157.00	122.00	3 200	3 800	5.740
61820	100	125	13	105.0	120.0	1.0	20.10	22.00	4 300	5 300	0.280
61920	100	140	20	107.0	133.0	1.0	42.70	41.90	4 000	5 000	0.770
16020	100	150	16	106.0	144.0	1.0	43.80	44.30	3 800	4 800	0.740
6020	100	150	24	109.0	141.0	1.5	64.50	56.20	3 800	4 800	1.180
6220	100	180	34	112.0	168.0	2.1	122.00	92.80	3 400	4 300	3.190
6320	100	215	47	114.0	201.0	2.5	173.00	140.00	2 800	3 600	7.090
6420	100	250	58	118.0	232.0	3.0	223.00	195.00	2 400	3 200	12.900

附表3 角接触球轴承的动载荷系数 X、Y

接触角	F_a/C_{0r}	$F_a/F_r \leqslant e$		$F_a/F_r > e$		e
		X	Y	X	Y	
15°	0.015	1	0	0.44	1.47	0.38
	0.029				1.40	0.40
	0.058				1.30	0.43
	0.087				1.23	0.46
	0.12				1.19	0.47
	0.17				1.12	0.50
	0.29				1.02	0.55
	0.44				1.00	0.56
	0.58				1.00	0.56
25°	—	1	0	0.41	0.87	0.68
40°	—	1	0	0.35	0.57	1.14

附表 4 角接触球轴承(摘自 GB/T 292—2007)

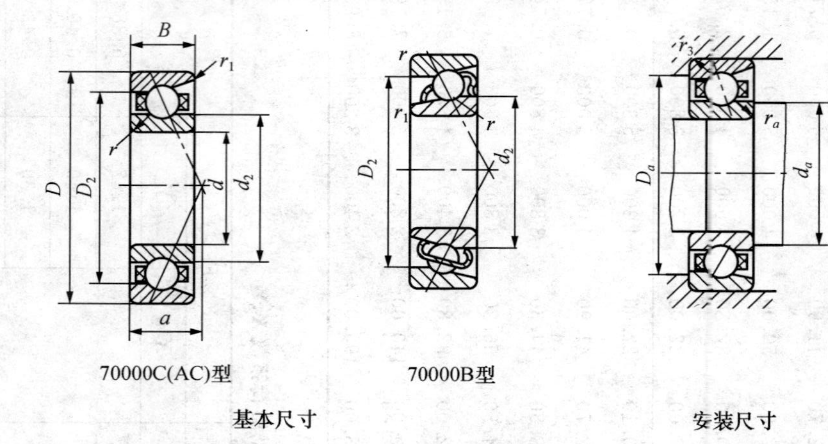

70000C(AC)型　　70000B型

基本尺寸　　安装尺寸

轴承代号		基本尺寸/mm					安装尺寸/mm			α=15°			α=25°			极限转速/(r/min)	
		d	D	B	r_s	r_{1s}	d_a	D_a	r_{as}	a/mm	C_r/kN	C_{0r}/kN	a/mm	C_r/kN	C_{0r}/kN	脂润滑	油润滑
(1)0 系列																	
7004C	7004AC	20	42	12	0.6	0.15	25	37	0.6	10.2	10.5	5.08	13.2	10.0	5.78	14 000	19 000
7005C	7005AC	25	47	12	0.6	0.15	30	42	0.6	10.8	11.5	7.45	14.4	11.2	7.08	12 000	17 000
7006C	7006AC	30	55	13	1.0	0.30	36	49	1.0	12.2	15.2	10.20	16.4	14.5	9.85	9 500	14 000
7007C	7007AC	35	62	14	1.0	0.30	41	56	1.0	13.5	19.5	14.20	18.3	18.5	13.50	8 500	12 000
7008C	7008AC	40	68	15	1.0	0.30	46	62	1.0	14.7	20.0	15.20	20.1	19.0	14.50	8 000	11 000
7009C	7009AC	45	75	16	1.0	0.30	51	69	1.0	16.0	25.8	20.50	21.9	25.8	19.50	7 500	10 000
7010C	7010AC	50	80	16	1.0	0.30	56	74	1.0	16.7	26.5	22.00	23.2	25.2	21.00	6 700	9 000
7011C	7011AC	55	90	18	1.1	0.60	62	83	1.0	18.7	37.2	30.50	25.9	35.2	29.20	6 000	8 000
7012C	7012AC	60	95	18	1.1	0.60	67	88	1.0	19.4	38.2	32.80	27.1	36.2	31.50	5 600	7 500
7013C	7013AC	65	100	18	1.1	0.60	72	93	1.0	20.1	40.0	35.50	28.2	38.0	33.80	5 300	7 000

续附表4

轴承代号		基本尺寸/mm					安装尺寸/mm			$\alpha=15°$			$\alpha=25°$			极限转速/(r/min)	
		d	D	B	r_s	r_{1s}	d_a	D_a	r_{as}	a/mm	C_r/kN	C_{0r}/kN	a/mm	C_r/kN	C_{0r}/kN	脂润滑	油润滑
7014C	7014AC	70	110	20	1.1	0.60	77	103	1.0	22.1	48.2	43.50	30.9	45.8	41.50	5 000	6 700
7015C	7015AC	75	115	20	1.1	0.60	82	108	1.0	22.7	49.5	46.50	32.2	46.8	44.20	4 800	6 300
7016C	7016AC	80	125	22	1.5	0.60	89	116	1.5	24.7	58.5	55.80	34.9	55.5	53.20	4 500	6 000
7017C	7017AC	85	130	22	1.5	0.60	94	121	1.5	25.4	62.5	60.20	36.1	59.2	57.20	4 300	5 600
7018C	7018AC	90	140	24	1.5	0.60	99	131	1.5	27.4	71.5	69.80	38.8	67.5	66.50	4 000	5 300
7019C	7019AC	95	145	24	1.5	0.60	104	136	1.5	28.1	73.5	73.20	40.0	69.5	69.80	3 800	5 000
7020C	7020AC	100	150	24	1.5	0.60	109	141	1.5	28.7	79.2	78.50	41.2	75.0	74.80	3 800	5 000
(0)2 系列																	
7204C	7204AC	20	47	14	1.0	0.30	26	41	1.0	11.5	14.5	8.22	14.9	14.0	7.82	13 000	18 000
7205C	7205AC	25	52	15	1.0	0.30	31	46	1.0	12.7	16.5	10.50	16.4	15.8	9.88	11 000	16 000
7206C	7206AC	30	62	16	1.0	0.30	36	56	1.0	14.2	23.0	15.00	18.7	22.0	14.20	9 000	13 000
7207C	7207AC	35	72	17	1.1	0.60	42	65	1.0	15.7	30.5	20.00	21.0	29.0	19.20	8 000	11 000
7208C	7208AC	40	80	18	1.1	0.60	47	73	1.0	17.0	36.8	25.80	23.0	35.2	24.50	7 500	10 000
7209C	7209AC	45	85	19	1.1	0.60	52	78	1.0	18.2	38.5	28.50	24.7	36.8	27.20	6 700	9 000
7210C	7210AC	50	90	20	1.1	0.60	57	83	1.0	19.4	42.8	32.00	26.3	40.8	30.50	6 300	8 500
7211C	7211AC	55	100	21	1.5	0.60	65	91	1.5	20.9	52.8	40.50	28.6	50.5	38.50	5 600	7 500
7212C	7212AC	60	110	22	1.5	0.60	69	101	1.5	22.4	61.0	48.50	30.8	58.2	46.20	5 300	7 000
7213C	7213AC	65	120	23	1.5	0.60	74	111	1.5	24.2	69.8	55.20	33.5	66.5	52.50	4 800	6 300
7214C	7214AC	70	125	24	1.5	0.60	79	116	1.5	25.3	70.2	60.00	35.1	29.2	57.50	4 500	6 000
7215C	7215AC	75	130	25	1.5	0.60	84	121	1.5	26.4	79.2	65.80	36.6	75.2	63.00	4 300	5 600
7216C	7216AC	80	140	26	2.0	1.00	90	130	2.0	27.7	89.5	78.20	38.9	85.0	74.50	4 000	5 300
7217C	7217AC	85	150	28	2.0	1.00	95	140	2.0	29.9	99.8	85.00	41.6	94.8	81.50	3 800	5 000

续附表4

轴承代号		基本尺寸/mm					安装尺寸/mm			$\alpha=15^\circ$			$\alpha=25^\circ$			极限转速/(r/min)	
		d	D	B	r_s	r_{1s}	d_a	D_a	r_{as}	a/mm	C_r/kN	C_{0r}/kN	a/mm	C_r/kN	C_{0r}/kN	脂润滑	油润滑
7218C	7218AC	90	160	30	2.0	1.00	100	150	2.0	31.7	122.0	105.00	44.2	118.0	100.00	3 600	4 800
7219C	7219AC	95	170	32	2.1	1.00	107	158	2.1	33.8	135.0	115.00	46.9	128.0	108.00	3 400	4 500
7220C	7220AC	100	180	34	2.1	1.00	112	168	2.1	35.8	148.0	128.00	49.7	142.0	122.00	3 200	4 300
(0)3 系列																	
7304C	7304AC	20	52	15	1.1	0.60	27	45	1.0	11.3	14.2	9.68	16.8	13.8	9.10	12 000	17 000
7305C	7305AC	25	62	17	1.1	0.60	32	55	1.0	13.1	21.5	15.80	19.1	20.8	14.80	9 500	14 000
7306C	7306AC	30	72	19	1.1	0.60	37	65	1.0	15.0	26.5	19.80	22.2	25.2	18.50	8 500	12 000
7307C	7307AC	35	80	21	1.5	0.60	44	71	1.5	16.6	34.2	26.80	24.5	32.8	24.80	7 500	10 000
7308C	7308AC	40	90	23	1.5	0.60	49	81	1.5	18.5	40.2	32.30	27.5	38.5	30.50	6 700	9 000
7309C	7309AC	45	100	25	1.5	0.60	54	91	1.5	20.2	49.2	39.80	30.2	47.5	37.20	6 000	8 000
7310C	7310AC	50	110	27	2.0	1.00	60	100	2.0	22.0	53.5	47.20	33.0	55.5	44.50	5 600	7 500
7311C	7311AC	55	120	29	2.0	1.00	65	110	2.0	23.8	70.5	60.50	35.8	67.2	56.80	5 000	6 700
7312C	7312AC	60	130	31	2.1	1.10	72	118	2.1	25.6	80.5	7.02	38.7	77.8	65.80	4 800	6 300
7313C	7313AC	65	140	33	2.1	1.10	77	128	2.1	27.4	91.5	80.50	41.5	89.8	75.50	4 300	5 600
7314C	7314AC	70	150	35	2.1	1.10	82	138	2.1	29.2	102.0	91.50	44.3	98.5	86.00	4 000	5 300
7315C	7315AC	75	160	37	2.1	1.10	87	148	2.1	31.0	112.0	105.00	47.2	108.0	97.00	3 800	5 000
7316C	7316AC	80	170	39	2.1	1.10	92	158	2.1	32.8	122.0	113.00	50.0	118.0	108.00	3 600	4 800
7317C	7317AC	85	180	41	3.0	1.10	99	166	2.5	34.6	132.0	128.00	52.8	125.0	122.00	3 400	4 500
7318C	7318AC	90	190	43	3.0	1.10	104	176	2.5	36.4	142.0	142.00	55.6	135.0	135.00	3 200	4 300
7319C	7319AC	95	200	45	3.0	1.10	109	186	2.5	38.2	152.0	158.00	58.5	145.0	148.00	3 000	4 000
7320C	7320AC	100	215	47	3.0	1.10	114	201	2.5	40.2	162.0	175.00	61.9	165.0	178.00	2 600	3 600

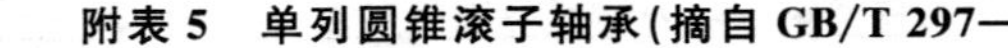

附表 5　单列圆锥滚子轴承(摘自 GB/T 297—1994)

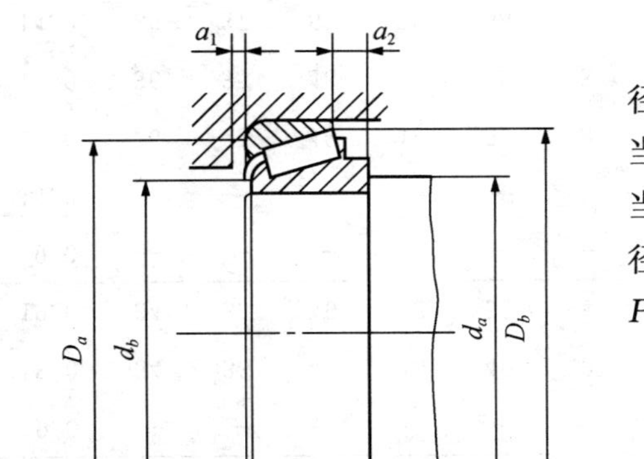

30000型

基本尺寸　　安装尺寸

径向当量动载荷：

当 $F_a/F_r \leqslant e, P_r = F_r$

当 $F_a/F_r > e, P_r = 0.4F_r + YF_a$

径向当量静载荷：

$P_{or} = 0.5F_r + Y_0F_a$

若 $P_{or} < F_r$ 取 $P_{or} = F_r$

附加轴向力

$S = F_r(2Y)$

最小径向载荷 $F_{min} = 0.02C_r$

轴承型号	基本尺寸/mm					安装尺寸/mm									计算系数			基本额定载荷/kN		极限速度/(r/mm)		重量/kg
	d	D	T	B	C	d_a (min)	d_b (max)	D_a (min)	D_a (max)	D_b (min)	a_1 (min)	a_2 (min)	r_a (max)	r_b (max)	e	Y	Y_0	C_r	C_{0r}	脂润滑	油润滑	
32904	20	37	12.00	12.00	9.0	—	—	—	—	—	—	—	—	—	0.32	1.9	1.0	13.2	17.5	9 500	13 000	0.056
32004	20	42	15.00	15.00	12.0	25	25	36	37	39	3	3.0	0.6	0.6	0.37	1.6	0.9	25.0	28.2	8 500	11 000	0.095
30204	20	47	15.25	14.00	12.0	26	27	40	41	43	2	3.5	1.0	1.0	0.35	1.7	1.0	28.2	30.5	8 000	10 000	0.126
30304	20	52	16.25	15.00	13.0	27	28	44	45	48	3	3.5	1.5	1.5	0.30	2.0	1.1	33.0	33.2	7 500	9 500	0.165
32304	20	52	22.25	21.00	18.0	27	26	43	45	48	3	4.5	1.5	1.5	0.30	2.0	1.1	42.8	46.2	7 500	9 500	0.230

续附表5

轴承型号	基本尺寸/mm					安装尺寸/mm									计算系数			基本额定载荷/kN		极限速度/(r/mm)		重量/kg
	d	D	T	B	C	d_a (min)	d_b (max)	D_a (min)	D_a (max)	D_b (min)	a_1 (min)	a_2 (min)	r_a (max)	r_b (max)	e	Y	Y_0	C_r	C_{0r}	脂润滑	油润滑	
329/22	22	40	12.00	12.00	9.0	—	—	—	—	—	—	—	0.3	0.3	0.32	1.9	1.0	15.0	20.0	8 500	11 000	0.065
320/22	22	44	15.00	15.00	11.5	27	27	38	39	41	3	3.5	0.6	0.6	0.40	1.5	0.8	26.0	30.2	8 000	10 000	0.100
32905	25	42	12.00	12.00	9.0	—	—	—	—	—	—	—	0.3	0.3	0.32	1.9	1.0	16.0	21.0	6 300	10 000	0.064
32005	25	47	15.00	15.00	11.5	30	30	40	42	44	3	3.5	0.6	0.6	0.43	1.4	0.8	28.0	34.0	7 500	9 500	0.110
33005	25	47	17.00	17.00	14.0	30	30	40	42	45	3	3.0	0.6	0.6	0.29	2.1	1.1	32.5	42.5	7 500	9 500	0.129
30205	25	52	16.25	15.00	13.0	31	31	44	46	48	2	3.5	1.0	1.0	0.37	1.6	0.9	32.2	37.0	7 000	9 000	0.154
33205	25	52	22.00	22.00	18.0	31	30	43	46	49	4	4.0	1.0	1.0	0.35	1.7	0.9	47.0	55.8	7 000	9 000	0.216
30305	25	62	18.25	17.00	15.0	32	34	54	55	58	3	3.5	1.5	1.5	0.30	2.0	1.1	46.8	48.0	6 300	8 000	0.263
31305	25	62	18.25	17.00	13.0	32	31	47	55	59	3	5.5	1.5	1.5	0.83	0.7	0.4	40.5	46.0	6 300	8 000	0.262
32305	25	62	25.25	24.00	20.0	32	52	52	55	58	3	5.5	1.5	1.5	0.30	2.0	1.1	61.5	68.8	6 300	8 000	0.368
329/28	28	45	12.00	12.00	9.0	—	—	—	—	—	—	—	0.3	0.3	0.32	1.9	1.0	16.8	22.8	7 500	9 500	0.069
320/28	28	52	16.00	16.00	12.0	34	33	45	46	49	3	4.0	1.0	1.0	0.43	1.4	0.8	31.5	40.5	6 700	8 500	0.142
332/28	28	58	24.00	24.00	19.0	34	33	49	52	55	4	5.0	1.0	1.0	0.34	1.8	1.0	58.0	68.2	6 300	8 000	0.286
32906	30	47	12.00	12.00	9.0	—	—	—	—	—	—	—	0.3	0.3	0.32	1.9	11.0	17.0	23.2	7 000	9 000	0.072
32006 X2	30	55	17.00	17.00	14.0	—	—	—	—	—	3	5.0	—	—	0.26	2.3	1.3	27.8	35.5	6 300	8 000	0.160
32006	30	55	17.00	17.00	13.0	36	35	48	49	52	3	4.0	1.0	1.0	0.43	1.4	0.8	35.8	46.8	6 300	8 000	0.170
33006	30	55	20.00	20.00	16.0	36	35	48	49	52	3	4.0	1.0	1.0	0.29	2.1	1.1	43.2	58.8	6 300	8 000	0.201
30206	30	62	17.00	17.25	14.0	36	37	53	56	58	2	3.5	1.0	1.0	0.37	1.6	0.9	43.2	50.5	6 000	7 500	0.231
32206	30	62	21.00	21.25	17.0	36	36	52	56	58	3	4.5	1.0	1.0	0.37	1.6	0.9	51.8	63.8	6 000	7 500	0.287

续附表5

轴承型号	基本尺寸/mm					安装尺寸/mm									计算系数			基本额定载荷/kN		极限速度/(r/mm)		重量/kg
	d	D	T	B	C	d_a (min)	d_b (max)	D_a (min)	D_a (max)	D_b (min)	a_1 (min)	a_2 (min)	r_a (max)	r_b (max)	e	Y	Y_0	C_r	C_{0r}	脂润滑	油润滑	
33206	30	62	25.00	25.00	19.5	36	36	53	56	59	5	5.5	1.0	1.0	0.34	1.8	1.0	63.8	75.5	6 000	7 500	0.342
30306	30	72	21.00	20.75	16.0	37	40	62	65	66	3	5.0	1.5	1.5	0.31	1.9	1.1	59.0	63.0	5 600	7 000	0.387
31306	30	72	21.00	20.75	14.0	37	37	55	65	68	3	7.0	1.5	1.5	0.83	0.7	0.4	52.5	60.5	5 600	7 000	0.392
32306	30	72	29.00	28.75	23.0	37	38	59	65	66	4	6.0	1.5	1.5	0.31	1.9	1.1	81.5	96.5	5 600	2 000	0.562
329/32	32	52	14.00	14.00	10.0	37	37	46	47	49	3	4.0	0.6	0.6	0.32	1.9	1.0	23.8	32.5	6 300	8 000	0.106
320/32	32	58	17.00	17.00	13.0	38	38	50	52	55	3	4.0	1.0	1.0	0.45	1.3	0.7	36.5	49.2	6 000	7 500	0.187
332/32	32	65	26.00	26.00	20.5	38	38	55	59	62	5	5.5	1.0	1.0	0.35	1.7	1.0	68.8	82.2	5 600	7 000	0.385
32907	35	55	14.00	14.00	11.5	40	40	49	50	52	3	2.5	0.6	0.6	0.29	2.1	1.1	25.8	34.8	6 000	7 500	0.114
32007 X2	35	62	18.00	18.00	15.0	—	—	—	—	—	3	5.0	1.0	1.0	0.29	2.1	1.1	33.8	47.2	5 600	7 000	0.210
32007	35	62	18.00	18.00	14.0	41	40	54	56	59	4	4.0	1.0	1.0	0.44	1.4	0.8	43.2	59.2	5 600	7 000	0.224
33007	35	62	21.00	21.00	17.0	41	41	54	56	59	3	4.0	1.0	1.0	0.31	2.0	1.1	46.8	63.2	5 600	7 000	0.254
30207	35	72	18.25	17.00	15.0	42	44	62	65	67	3	3.5	1.5	1.5	0.37	1.6	0.9	54.2	63.5	5 300	6 700	0.331
32207	35	72	24.00	23.00	19.0	42	42	61	65	68	3	5.5	1.5	1.5	0.37	1.6	0.9	70.5	89.5	5 300	6 700	0.445
33207	35	72	28.00	28.00	22.0	42	42	61	65	68	5	6.0	1.5	1.5	0.35	1.7	0.9	82.5	102.0	5 300	6 700	0.515
30307	35	80	23.00	21.00	18.0	44	45	70	71	74	3	5.0	2.0	1.5	0.31	1.9	1.1	75.2	82.5	5 000	6 300	0.515
31307	35	80	23.00	21.00	15.0	44	42	62	71	76	4	8.0	2.0	1.5	0.83	0.7	0.4	65.8	76.8	5 000	6 300	0.514
32307	35	80	33.00	31.00	25.0	44	43	66	71	74	4	8.5	2.0	1.5	0.31	1.9	1.1	99.0	118.0	5 000	6 300	0.763
32908 X2	40	62	15.00	14.00	12.0	—	—	—	—	—	3	5.0	0.6	0.6	0.28	2.1	1.2	21.2	28.2	5 600	7 000	0.140
32908	40	62	15.00	15.00	12.0	45	45	55	57	59	3	3.0	0.6	0.6	0.29	2.1	11.1	31.5	46.0	5 600	7 000	0.155

续附表5

轴承型号	基本尺寸/mm					安装尺寸/mm									计算系数			基本额定载荷/kN		极限速度/(r/mm)		重量/kg
	d	D	T	B	C	d_a (min)	d_b (max)	D_a (min)	D_a (max)	D_b (min)	a_1 (min)	a_2 (min)	r_a (max)	r_b (max)	e	Y	Y_0	C_r	C_{0r}	脂润滑	油润滑	
32008 X2	40	68	19.00	18.00	16.0	—	—	—	—	—	3	5.0	1.0	1.0	0.30	2.0	1.1	39.8	55.2	5 300	6 700	0.270
32008	40	68	19.00	19.00	14.5	46	46	60	62	65	4	4.5	1.0	1.0	0.38	1.6	0.9	51.8	71.0	5 300	6 700	0.267
33008	40	68	22.00	22.00	18.0	46	46	60	62	64	3	4.0	1.0	1.0	0.28	2.1	1.2	60.2	79.5	5 300	6 700	0.306
33108	40	75	26.00	26.00	20.5	47	47	65	68	71	4	5.5	1.5	1.5	0.36	1.7	0.9	84.8	110.0	5 000	6 300	0.496
30208	40	80	19.75	18.00	16.0	47	49	69	73	75	3	4.0	1.5	1.5	0.37	1.6	0.9	63.0	74.0	5 000	6 300	0.422
32208	40	80	24.75	23.00	19.0	47	48	68	73	75	3	6.0	1.5	1.5	0.37	1.6	0.9	77.8	77.2	5 000	6 300	0.532
33208	40	80	32.00	32.00	25.0	47	47	67	73	76	5	7.0	1.5	1.5	0.36	1.7	0.9	105.0	135.0	5 000	6 300	0.715
30308	40	90	25.25	23.00	20.0	49	52	77	81	84	3	5.5	2.0	1.5	0.35	1.7	1.0	90.8	108.0	4 500	5 600	0.747
31308	40	90	25.25	23.00	17.0	49	48	71	81	87	4	8.5	2.0	1.5	0.83	0.7	0.4	81.5	96.5	4 500	5 600	0.727
32308	40	90	35.25	33.00	27.0	49	49	73	81	83	4	8.5	2.0	1.5	0.35	1.7	1.0	115.0	148.0	4 500	5 600	1.040
32909 X2	45	68	15.00	14.00	12.0	—	—	—	—	—	3	5.0	0.6	0.6	0.31	1.9	1.1	22.2	32.8	5 300	6 700	—
32909	45	68	15.00	15.00	12.0	50	50	61	63	65	3	3.0	0.6	0.6	0.32	1.7	1.0	32.0	48.5	5 300	6 700	0.180
32009 X2	45	75	20.00	19.00	16.0	—	—	—	—	—	4	6.0	1.0	1.0	0.30	2.0	1.1	44.5	62.5	5 000	6 300	0.320
32009	45	75	20.00	20.00	15.5	51	51	67	69	72	4	4.5	1.0	1.0	0.39	1.5	0.8	58.5	81.5	5 000	6 300	0.337
33009	45	75	24.00	24.00	19.0	51	51	67	69	72	4	5.0	1.0	1.0	0.32	1.9	1.0	72.5	100.0	5 000	6 300	0.398
33109	45	80	26.00	26.00	20.5	52	52	69	73	77	4	5.5	1.5	1.5	0.38	1.6	1.0	87.0	118.0	4 500	5 600	0.535
30209	45	86	21.00	20.75	16.0	52	53	74	78	80	3	5.0	1.5	1.5	0.40	1.5	0.8	67.8	83.5	4 500	5 600	0.474
32209	45	85	25.00	24.75	19.0	52	53	73	78	81	3	6.0	1.5	1.5	0.40	1.5	0.8	80.8	105.0	4 500	5 600	0.573
33209	45	85	32.00	32.00	25.0	52	52	72	78	81	5	7.0	1.5	1.5	0.39	1.5	0.9	110.0	145.0	4 500	5 600	0.771

续附表5

轴承型号	基本尺寸/mm					安装尺寸/mm									计算系数			基本额定载荷/kN		极限速度/(r/mm)		重量/kg
	d	D	T	B	C	d_a (min)	d_b (max)	D_a (min)	D_a (max)	D_b (min)	a_1 (min)	a_2 (min)	r_a (max)	r_b (max)	e	Y	Y_0	C_r	C_{0r}	脂润滑	油润滑	
30309	45	100	27.00	27.25	22.0	54	59	86	91	94	3	5.5	2.0	1.5	0.35	1.7	1.0	108.0	130.0	4 000	5 000	0.984
31309	45	100	27.00	27.25	18.0	54	54	79	91	96	4	9.5	2.0	1.5	0.83	0.7	0.4	95.5	115.0	4 000	5 000	0.944
32309	45	100	38.00	38.25	30.0	54	56	82	91	93	4	8.5	2.0	1.5	0.35	1.7	1.0	145.0	188.0	4 000	5 000	1.400
32910 X2	50	72	15.00	15.00	12.0	—	—	—	—	—	3	5.0	0.6	0.6	0.35	1.7	0.9	22.2	32.8	5 000	6 300	0.700
32910	50	72	15.00	15.00	12.0	55	55	64	67	69	3	3.0	0.6	0.6	0.34	1.8	1.0	36.8	56.0	5 000	6 300	0.181
32010 X2	50	80	20.00	20.00	16.0	—	—	—	—	—	4	6.0	1.0	1.0	0.32	1.9	1.0	45.8	66.2	4 500	5 600	0.310
32010	50	80	20.00	20.00	15.5	56	56	72	74	77	4	4.5	1.0	1.0	0.42	1.4	0.8	61.0	89.0	4 500	5 600	0.366
33010	50	30	24.00	24.00	19.0	56	56	72	74	76	4	5.0	1.0	1.0	0.32	1.9	1.0	76.8	110.0	4 500	5 600	0.433
33110	50	85	26.00	26.00	20.0	57	56	74	78	82	4	6.0	1.5	1.5	0.41	1.5	0.8	89.2	125.0	4 300	5 300	0.572
30210	50	90	21.75	20.00	17.0	57	58	79	83	86	3	5.0	1.5	1.5	0.42	1.4	0.8	73.2	92.0	4 300	5 300	0.529
32210	50	90	24.75	23.00	19.0	57	57	78	83	86	3	6.0	1.5	1.5	0.42	1.4	0.8	82.8	108.0	4 300	5 300	0.626
33210	50	90	32.00	32.00	24.5	57	57	77	83	87	5	7.5	1.5	1.5	0.41	1.5	0.8	112.0	155.0	4 300	5 300	0.825
30310	50	110	29.25	27.00	23.0	60	65	95	100	103	4	6.5	2.0	2.0	0.35	1.7	1.0	130.0	158.0	3 800	4 800	1.280
31310	50	110	29.25	27.00	19.0	60	58	87	100	105	4	10.5	2.0	2.0	0.83	0.7	0.4	108.0	128.0	3 800	4 800	1.210
32310	50	110	42.25	40.00	33.0	60	61	90	100	102	5	9.5	2.0	2.0	0.35	1.7	1.0	178.0	235.0	3 800	4 800	1.890
32911	55	80	17.00	17.00	14.0	61	60	71	74	77	3	3.0	1.0	1.0	1.31	1.9	1.1	41.5	66.8	4 800	6 000	0.262
32011 X2	55	90	23.00	22.00	19.0	—	—	—	—	—	4	6.0	1.5	1.5	0.31	1.9	1.1	63.8	93.2	4 000	5 000	0.530
32011	55	90	23.00	23.00	17.5	62	63	81	83	86	4	5.5	1.5	1.5	0.41	1.5	0.8	80.2	118.0	4 000	5 000	0.551
33011	55	90	27.00	27.00	21.0	62	63	81	83	86	5	6.0	1.5	1.5	0.31	1.9	1.1	94.8	145.0	4 000	5 000	0.651

续附表5

轴承型号	基本尺寸/mm					安装尺寸/mm									计算系数			基本额定载荷/kN		极限速度/(r/mm)		重量/kg
	d	D	T	B	C	d_a (min)	d_b (max)	D_a (min)	D_a (max)	D_b (min)	a_1 (min)	a_2 (min)	r_a (max)	r_b (max)	e	Y	Y_0	C_r	C_{0r}	脂润滑	油润滑	
33111	55	95	30.00	30.00	23.0	62	62	83	88	91	5	7.0	1.5	1.5	0.37	1.6	0.9	115.0	165.0	3 800	4 800	0.843
30211	55	100	22.75	21.00	18.0	64	64	88	91	95	4	5.0	2.0	1.5	0.40	1.5	0.8	90.8	115.0	3 800	4 800	0.713
32211	55	100	26.75	25.00	21.0	64	62	87	91	96	4	6.0	2.0	1.5	0.40	1.5	0.8	108.0	142.0	3 800	4 800	0.853
33211	55	100	35.00	35.00	27.0	64	62	85	91	96	6	8.0	2.0	1.5	0.40	1.5	0.8	142.0	198.0	3 800	4 800	1.150
30311	55	120	31.50	29.00	25.0	65	70	104	110	112	4	6.5	2.5	2.0	0.35	1.7	1.0	152.0	188.0	3 400	4 300	1.630
31311	55	120	31.50	29.00	21.0	65	63	94	110	114	4	10.5	2.5	2.0	0.83	0.7	0.4	130.0	158.0	3 400	4 300	1.560
32311	55	120	45.50	43.00	35.0	65	66	99	110	111	5	10.0	2.5	2.0	0.35	1.7	1.0	202.0	270.0	3 400	4 300	2.370
32912 X2	60	85	17.00	16.00	14.0	—	—	—	—	—	3	5.0	1.0	1.0	0.38	1.6	0.9	34.5	56.5	4 000	5 000	0.240
32912	60	85	17.00	17.00	14.0	66	65	75	79	82	3	3.0	1.0	1.0	0.33	1.8	1.0	46.0	73.0	4 000	5 000	0.279
32012 X2	60	95	23.00	22.00	19.0	—	—	—	—	—	4	6.0	1.5	1.5	0.33	1.8	1.0	64.8	98.0	3 800	4 800	0.560
32612	60	95	23.00	23.00	17.5	67	67	85	88	91	4	5.5	1.5	1.5	0.43	1.4	0.8	81.8	122.0	3 800	4 800	0.584
33012	60	95	27.00	27.00	21.0	67	67	85	88	90	5	6.0	1.5	1.5	0.33	1.8	1.0	96.8	150.0	3 800	4 800	0.691
33112	60	100	30.00	30.00	23.0	67	67	88	93	96	5	7.0	1.5	1.5	0.40	1.5	0.8	118.0	172.0	3 600	4 500	0.895
30212	60	110	23.75	22.00	19.0	69	69	96	101	103	4	5.0	2.0	1.5	0.40	1.5	0.8	102.0	130.0	3 600	4 500	0.904
32212	60	110	39.75	28.00	24.0	69	68	95	101	105	4	6.0	2.0	1.5	0.40	1.5	0.8	132.0	180.0	3 600	4 500	1.170
33212	60	110	38.00	38.00	29.0	69	69	93	101	105	6	9.0	2.0	1.5	0.40	1.5	0.8	165.0	230.0	3 600	4 500	0.510
30312	60	130	33.50	31.00	26.0	72	76	112	118	121	5	7.5	2.5	2.1	0.35	1.7	1.0	170.0	210.0	3 200	4 000	1.990
31312	60	130	33.50	31.00	22.0	72	69	103	118	124	5	11.5	2.5	2.1	0.83	0.7	0.4	145.0	178.0	3 200	4 000	1.900
32312	60	130	48.50	46.00	37.0	72	72	107	118	122	6	11.5	2.5	2.1	0.35	1.7	1.0	228.0	302.0	3 200	4 000	2.900

续附表5

轴承型号	基本尺寸/mm					安装尺寸/mm									计算系数			基本额定载荷/kN		极限速度/(r/mm)		重量/kg
	d	D	T	B	C	d_a (min)	d_b (max)	D_a (min)	D_a (max)	D_b (min)	a_1 (min)	a_2 (min)	r_a (max)	r_b (max)	e	Y	Y_0	C_r	C_{0r}	脂润滑	油润滑	
32913	65	90	17.00	17.00	14.0	71	70	80	84	87	3	3.0	1.0	1.0	0.35	1.7	0.9	45.5	73.2	3 800	4 800	0.295
32013 X2	65	100	23.00	22.00	19.0	—	—	—	—	—	4	6.0	1.5	1.5	0.35	1.7	0.9	67.0	102.0	3 600	4 500	0.630
32013	65	100	23.00	23.00	17.5	72	72	90	93	97	4	5.5	1.5	1.5	0.46	1.3	0.7	82.8	128.0	3 600	4 500	0.620
33013	65	100	27.00	27.00	21.0	72	72	89	93	96	5	6.0	1.5	1.5	0.35	1.7	1.0	98.0	158.0	3 600	4 500	0.732
33113	65	110	34.00	34.00	26.5	72	73	96	103	106	6	7.5	1.5	1.5	0.39	1.6	0.9	142.0	220.0	3 400	4 300	1.300
30213	65	120	24.75	23.00	20.0	74	77	106	111	114	4	5.0	2.0	1.5	0.40	1.5	0.8	120.0	152.0	3 200	4 000	1.130
32213	65	120	32.75	31.00	27.0	74	75	104	111	115	4	6.0	2.0	1.5	0.40	1.5	0.8	160.0	222.0	3 200	4 000	1.550
33213	65	120	41.00	41.00	32.0	74	74	102	111	115	7	9.0	2.0	1.5	0.39	1.5	0.9	202.0	282.0	3 200	4 000	1.990
30313	65	140	36.00	33.00	28.0	77	83	—	128	131	5	8.0	2.5	2.1	0.35	1.7	1.0	195.0	242.0	2 800	3 600	2.440
31313	65	140	36.00	33.00	23.0	77	75	111	128	134	5	13.0	2.5	2.1	0.83	0.7	0.4	165.0	202.0	2 800	3 600	2.370
32313	65	140	51.00	48.00	39.0	77	79	117	128	131	6	12.0	2.5	2.1	0.35	1.7	1.0	260.0	350.0	2 800	3 600	3.510
32914 X2	70	100	20.00	19.00	16.0	—	—	—	—	—	4	6.0	1.0	1.0	0.33	1.8	1.0	53.2	85.5	3 600	4 500	—
32914	70	100	20.00	20.00	16.0	76	76	90	94	96	4	4.0	1.0	1.0	0.32	1.9	1.0	70.8	115.0	3 600	4 500	0.471
32014 X2	70	110	25.00	24.00	20.0	—	—	—	—	—	5	7.0	1.5	1.5	0.34	1.8	1.0	83.8	128.0	3 400	4 300	0.850
32014	70	110	25.00	25.00	19.0	77	78	98	103	105	5	6.0	1.5	1.5	0.43	1.4	0.8	105.0	160.0	3 400	4 300	0.839
33014	70	110	31.00	31.00	25.5	77	79	99	103	105	5	5.5	1.5	1.5	0.28	2.0	1.0	135.0	220.0	3 400	4 300	1.070
33114	70	120	37.00	37.00	29.0	79	79	104	111	115	6	8.0	2.0	1.5	0.39	1.5	1.2	172.0	268.0	3 200	4 000	1.700
30214	70	125	26.25	24.00	21.0	79	81	110	116	119	4	5.5	2.0	1.5	0.42	1.4	0.8	132.0	175.0	3 000	3 800	1.260
32214	70	125	33.25	31.00	27.0	79	79	108	116	120	4	6.5	2.0	1.5	0.42	1.4	0.8	168.0	238.0	3 000	3 800	1.640

续附表5

轴承型号	基本尺寸/mm					安装尺寸/mm									计算系数			基本额定载荷/kN		极限速度/(r/mm)		重量/kg
	d	D	T	B	C	d_a (min)	d_b (max)	D_a (min)	D_a (max)	D_b (min)	a_1 (min)	a_2 (min)	r_a (max)	r_b (max)	e	Y	Y_0	C_r	C_{0r}	脂润滑	油润滑	
33214	70	125	41.00	41.00	32.0	79	79	107	116	120	7	9.0	2.0	1.5	0.41	1.5	0.8	208.0	298.0	3 000	3 800	2.100
30314	70	150	38.00	35.00	30.0	82	89	130	138	141	5	8.0	2.5	2.1	0.35	1.7	1.0	218.0	272.0	2 600	3 400	2.980
31314	70	150	38.00	35.00	25.0	82	80	118	138	143	5	13.0	2.5	2.1	0.83	0.7	0.4	188.0	230.0	2 600	3 400	2.860
32314	70	150	54.00	51.00	42.0	82	84	125	138	141	6	12.0	2.5	2.1	0.35	1.7	1.0	298.0	408.0	2 600	3 400	4.340
32915	75	105	20.00	20.00	16.0	81	81	94	99	102	4	4.0	1.0	1.0	0.33	1.8	1.0	78.2	125.0	3 400	4 300	0.490
32015 X2	75	115	25.00	24.00	20.0	—	—	—	—	—	5	7.0	1.5	1.5	0.35	1.7	0.9	85.2	135.0	3 200	4 000	0.880
32015	75	115	25.00	25.00	19.0	82	83	103	108	110	5	6.0	1.5	1.5	0.46	1.3	0.7	102.0	160.0	3 200	4 000	0.875
33015	75	115	31.00	31.00	25.5	82	83	103	108	110	6	5.5	1.5	1.5	0.30	2.0	1.0	132.0	220.0	3 200	4 000	1.120
33115	75	125	37.00	37.00	29.0	84	84	109	116	120	6	8.0	2.0	1.5	0.40	1.5	0.8	175.0	280.0	3 000	3 800	1.780
30215	75	130	27.25	25.00	22.0	84	85	115	121	125	4	5.5	2.0	1.5	0.44	1.4	0.8	138.0	185.0	2 800	3 600	1.360
32215	75	130	33.25	31.00	27.0	84	84	115	121	126	4	6.5	2.0	1.5	0.44	1.4	0.8	170.0	242.0	2 800	3 600	1.740
33215	75	130	41.00	41.00	31.0	84	83	111	121	125	7	10.0	2.0	1.5	0.43	1.4	0.8	208.0	300.0	2 800	3 600	2.170
30315	75	160	40.00	40.00	31.0	87	95	139	148	150	5	9.0	2.5	2.1	0.35	1.7	1.0	252.0	318.0	2 400	3 200	3.570
31315	75	160	40.00	40.00	26.0	87	86	127	148	153	6	14.0	2.5	2.1	0.83	0.7	0.4	208.0	258.0	2 400	3 200	3.380
32315	75	160	58.00	58.00	45.0	87	91	133	148	150	7	13.0	2.5	2.1	0.35	1.7	1.0	348.0	482.0	2 400	3 200	5.370
32916	80	110	20.00	20.00	16.0	86	85	99	104	107	4	4.0	1.0	1.0	0.35	1.7	0.9	79.2	128.0	3 200	4 000	0.514
32016 X2	80	125	29.00	29.00	23.0	—	—	—	—	—	5	8.0	1.5	1.5	0.34	1.8	1.0	102.0	162.0	3 000	3 800	1.180
32016	80	125	29.00	29.00	22.0	87	89	112	117	120	6	7.0	1.5	1.5	0.42	1.4	0.8	140.0	220.0	3 000	3 800	1.270
33016	80	125	36.00	36.00	29.5	87	90	112	117	119	6	7.0	1.5	1.5	0.23	2.2	1.2	182.0	305.0	3 000	3 800	1.630

续附表5

轴承型号	基本尺寸/mm					安装尺寸/mm									计算系数			基本额定载荷/kN		极限速度/(r/mm)		重量/kg
	d	D	T	B	C	d_a (min)	d_b (max)	D_a (min)	D_a (max)	D_b (min)	a_1 (min)	a_2 (min)	r_a (max)	r_b (max)	e	Y	Y_0	C_r	C_{0r}	脂润滑	油润滑	
33116	80	130	37.00	37.00	29.0	89	89	114	121	126	6	8.0	2.0	1.5	0.42	1.4	0.8	180.0	292.0	2 800	3 600	1.870
30216	80	140	28.25	26.00	22.0	90	90	124	130	133	4	6.0	2.1	2.0	0.42	1.4	0.8	160.0	212.0	2 600	3 400	1.670
32216	80	140	35.25	33.00	28.0	90	89	122	130	135	5	7.5	2.1	2.0	0.42	1.4	0.8	198.0	278.0	2 600	3 400	2.130
33216	80	140	46.00	46.00	35.0	90	89	119	130	135	7	11.0	2.1	2.0	0.43	1.4	0.8	245.0	362.0	2 600	3 400	2.830
30316	80	170	42.50	39.00	33.0	92	102	148	158	160	5	9.5	2.5	2.1	0.35	1.7	1.0	278.0	352.0	2 200	3 000	4.270
31316	80	170	42.50	39.00	27.0	92	91	134	158	161	6	15.5	2.5	2.1	0.83	0.7	0.4	230.0	288.0	2 200	3 000	4.050
32316	80	170	61.50	58.00	48.0	92	97	142	158	160	7	13.5	2.5	2.1	0.35	1.7	1.0	388.0	542.0	2 200	3 000	6.380
32917 X2	85	120	23.00	22.00	29.0	—	—	—	—	—	4	6.0	1.5	1.5	0.26	2.3	1.3	74.2	125.0	3 400	3 800	0.730
32917	85	120	23.00	23.00	18.0	92	92	111	113	115	4	5.0	1.5	1.5	0.33	1.8	1.0	96.8	165.0	3 400	3 800	0.767
32017 X2	85	130	29.00	27.00	23.0	—	—	—	—	—	5	8.0	1.5	1.5	0.35	1.7	0.9	105.0	170.0	2 800	3 600	1.250
32017	85	130	29.00	29.00	22.0	92	94	117	122	125	6	7.0	1.5	1.5	0.44	1.4	0.8	140.0	220.0	2 800	3 600	1.320
33017	85	130	36.00	36.00	29.5	92	94	118	122	125	6	6.5	1.5	1.5	0.29	2.1	1.1	180.0	305.0	2 800	3 600	1.690
33117	85	140	41.00	41.00	32.0	95	95	122	130	135	7	9.0	2.1	2.0	0.41	1.5	0.8	215.0	355.0	2 600	3 400	2.430
30217	85	150	30.50	28.00	24.0	95	96	132	140	142	5	6.5	2.1	2.0	0.42	1.4	0.8	178.0	238.0	2 400	3 200	2.060
32217	85	150	38.50	36.00	30.0	95	95	130	140	143	5	8.5	2.1	2.0	0.42	1.4	0.8	228.0	325.0	2 400	3 200	2.680
33217	85	150	49.00	49.00	37.0	95	95	128	140	144	7	12.0	2.1	2.0	0.42	1.4	0.8	282.0	415.0	2 400	3 200	3.520
30317	85	180	44.50	41.00	34.0	99	107	156	166	168	6	105.0	3.0	2.6	0.35	1.7	1.0	305.0	388.0	2 000	2 800	4.960
31317	85	180	44.50	41.00	28.0	99	96	143	166	171	6	16.5	3.0	2.5	0.83	0.7	0.4	255.0	318.0	2 000	2 800	4.690
32317	85	180	63.50	60.00	49.0	99	102	150	166	168	8	14.5	3.0	2.5	0.35	1.7	1.0	422.0	592.0	2 000	2 800	7.310

续附表5

轴承型号	基本尺寸/mm					安装尺寸/mm									计算系数			基本额定载荷/kN		极限速度/(r/mm)		重量/kg
	d	D	T	B	C	d_a (min)	d_b (max)	D_a (min)	D_a (max)	D_b (min)	a_1 (min)	a_2 (min)	r_a (max)	r_b (max)	e	Y	Y_0	C_r	C_{0r}	脂润滑	油润滑	
32918 X2	90	125	23.00	22.00	19.0	—	—	—	—	—	4	6.0	1.5	1.5	0.38	1.6	0.9	77.8	140.0	3 200	3 600	—
32918	90	125	23.00	23.00	18.0	97	96	113	117	121	4	5.0	1.5	1.5	0.34	1.8	1.0	95.8	165.0	3 200	3 600	0.796
32018 X2	90	140	32.00	30.00	26.0	—	—	—	—	—	5	8.0	2.0	1.5	0.34	1.8	1.0	122.0	192.0	2 600	3 400	1.700
32018	90	140	32.00	32.00	24.0	99	100	125	131	134	6	8.0	2.0	1.5	0.42	1.4	0.8	170.0	270.0	2 600	3 400	1.720
33018	90	140	39.00	39.00	32.5	99	100	127	131	135	7	6.5	2.0	1.5	0.27	2.2	1.2	232.0	388.0	2 600	3 400	2.200
33118	90	150	45.00	45.00	35.0	100	100	130	140	144	7	10.0	2.1	2.0	0.40	1.5	0.8	252.0	415.0	2 400	3 200	3.130
30218	90	160	32.50	30.00	26.0	100	102	140	150	151	5	6.5	2.1	2.0	0.42	1.4	0.8	200.0	270.0	2 200	3 000	2.540
32218	90	160	42.50	40.00	34.0	100	101	138	150	153	5	8.5	2.1	2.0	0.42	1.4	0.8	270.0	395.0	2 200	3 000	3.440
33218	90	160	55.00	55.00	42.0	100	100	134	150	154	8	13.0	2.1	2.0	0.40	1.5	0.8	330.0	500.0	2 200	3 000	4.550
30318	90	190	46.50	43.00	36.0	104	113	165	176	178	6	10.5	3.0	2.5	0.35	1.7	1.0	342.0	440.0	1 900	2 600	5.800
31318	90	190	46.50	43.00	30.0	104	102	151	176	181	6	16.5	3.0	2.5	0.83	0.7	0.4	282.0	358.0	1 900	2 600	5.460
32318	90	190	67.50	64.00	53.0	104	107	157	176	178	8	14.5	3.0	2.5	0.35	1.7	1.0	478.0	682.0	1 900	2 600	8.810
32919	95	130	23.00	23.00	18.0	102	101	117	122	126	4	5.0	1.5	1.5	0.36	1.7	0.9	97.2	170.0	2 600	3 400	0.831
32019 X2	95	145	32.00	30.00	26.0	—	—	—	—	—	5	8.0	2.0	1.5	0.36	1.7	0.9	122.0	192.0	2 400	3 200	1.700
32109	95	145	32.00	32.00	24.0	104	105	130	136	140	6	8.0	2.0	1.5	0.44	1.4	0.8	175.0	280.0	2 400	3 200	1.790
33019	95	145	39.00	39.00	32.5	104	104	131	136	139	7	6.5	2.0	1.5	0.28	2.2	1.2	230.0	390.0	2 400	3 200	2.260
33119	95	160	49.00	49.00	38.0	105	105	138	150	154	7	11.0	2.1	2.0	0.39	1.5	0.8	298.0	498.0	2 200	3 000	3.940
30219	95	170	34.50	32.00	27.0	107	108	149	158	160	5	7.5	2.5	2.1	0.42	1.4	0.8	228.0	308.0	2 000	2 800	3.040
32219	95	170	45.50	43.00	37.0	107	106	145	158	163	5	8.5	2.5	2.1	0.42	1.4	0.8	302.0	448.0	2 000	2 800	4.240

续附表5

轴承型号	基本尺寸/mm					安装尺寸/mm									计算系数			基本额定载荷/kN		极限速度/(r/mm)		重量/kg
	d	D	T	B	C	d_a (min)	d_b (max)	D_a (min)	D_a (max)	D_b (min)	a_1 (min)	a_2 (min)	r_a (max)	r_b (max)	e	Y	Y_0	C_r	C_{0r}	脂润滑	油润滑	
33219	95	170	58.00	58.00	44.0	107	105	144	158	163	9	14.0	2.5	2.1	0.41	1.5	0.8	378.0	568.0	2 000	2 800	5.480
30319	95	200	49.50	45.00	38.0	109	118	172	186	185	6	11.5	3.0	2.5	0.35	1.7	1.0	370.0	478.0	1 800	2 400	6.800
31319	95	200	49.50	45.00	32.0	109	107	157	186	189	6	17.5	3.0	2.5	0.83	0.7	0.4	310.0	400.0	1 800	2 400	6.460
32319	95	200	71.50	67.00	55.0	109	114	166	186	187	8	16.5	3.0	2.5	0.35	1.7	1.0	515.0	738.0	1 800	2 400	10.100
32920	100	140	25.00	25.00	20.0	107	108	128	132	136	4	5.0	1.5	1.5	0.33	1.8	1.0	128.0	218.0	2 400	3 200	1.120
32020 X2	100	150	32.00	30.00	26.0	—	—	—	—	—	5	8.0	2.0	1.5	0.37	1.9	0.9	125.0	205.0	2 200	3 000	1.790
32020	100	150	32.00	32.00	24.0	109	109	134	141	144	6	8.0	2.0	1.5	0.46	1.3	0.7	172.0	282.0	2 200	3 000	1.850
33020	100	150	39.00	39.00	32.5	109	108	135	141	143	7	6.5	2.0	1.5	0.29	2.1	1.2	230.0	390.0	2 200	3 000	2.330
33120	100	165	52.00	52.00	40.0	110	110	142	155	159	8	12.0	2.1	2.0	0.41	1.5	0.8	308.0	528.0	2 000	2 800	4.310
30220	100	180	37.00	34.00	29.0	112	114	157	168	169	5	8.0	2.5	2.1	0.42	1.4	0.8	255.0	350.0	1 900	2 600	3.720
32220	100	180	49.00	46.00	39.0	112	113	154	168	172	5	10.0	2.5	2.1	0.42	1.4	0.8	340.0	512.0	1 900	2 600	5.100
33220	100	180	63.00	63.00	48.0	112	112	151	168	172	10	15.0	2.5	2.1	0.40	1.5	0.8	438.0	665.0	1 900	2 600	6.710
30320	100	215	51.50	47.00	39.0	114	127	184	201	199	6	12.5	3.0	2.5	0.35	1.7	1.0	405.0	525.0	1 600	2 000	8.220
31320	100	215	56.50	51.00	35.0	114	115	168	201	204	7	21.5	3.0	2.5	0.83	0.7	0.4	372.0	488.0	1 600	2 000	8.590
32320	100	215	77.50	73.00	60.0	114	122	177	201	201	8	17.5	3.0	2.5	0.35	1.7	1.0	600.0	872.0	1 600	2 000	13.000

附表 6 单向推力球轴承(摘自 GB/T 301—2013)

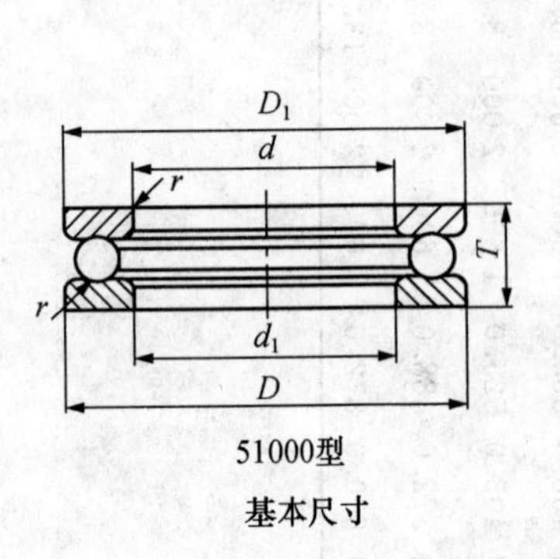

51000型

基本尺寸

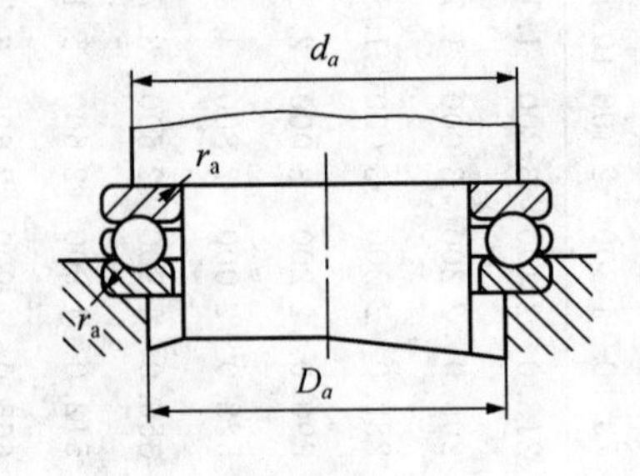

安装尺寸

轴向当量动载荷:$P_a=F_a$

轴向当量静载荷:$P_{0a}=F_a$

最小轴向载荷:

$$F_{\min}=A(n/100)^2$$

式中:n 为转速(r/min)

轴承代号	基本尺寸/mm			安装尺寸/mm			基本额定载荷/kN		最小载荷系数	极限转速 n /(r/min)		重量 /kg
	d	D	T	d_a(min)	D_a(max)	r_a(max)	C_a	C_{0a}	A	脂润滑	油润滑	
51102	15	28	9	23	20	0.3	10.5	16.8	0.002	5 600	8 000	0.022
51202	15	32	12	25	22	0.6	16.5	24.8	0.003	4 800	6 700	0.041
51103	17	30	9	25	22	0.3	10.8	18.2	0.002	5 300	7 500	0.024
51203	17	35	12	28	24	0.6	17.0	27.2	0.004	4 500	6 300	0.048
51104	20	35	10	29	26	0.3	14.2	24.5	0.004	4 800	6 700	0.036
51204	20	40	14	32	28	0.6	22.2	37.5	0.007	3 800	5 300	0.075
51304	20	47	18	36	31	1.0	35.0	55.8	0.016	3 600	4 500	0.150
51105	25	42	11	35	32	0.6	15.2	30.2	0.005	4 300	6 000	0.055
51205	25	47	15	38	34	0.6	27.8	50.5	0.013	3 400	4 800	0.110
51305	25	52	18	41	36	1.0	35.5	61.5	0.021	3 000	4 300	0.170
51405	25	60	24	46	39	1.0	55.5	89.2	0.044	2 200	3 400	0.310
51106	30	47	11	40	37	0.6	16.0	34.2	0.007	4 000	5 600	0.062
51206	30	52	16	43	39	0.6	28.0	54.2	0.016	3 200	4 500	0.130
51306	30	60	21	48	42	1.0	42.8	78.5	0.033	2 400	3 600	0.260
51406	30	70	28	54	46	1.0	72.5	125.0	0.082	1 900	3 000	0.510
51107	35	52	12	45	42	0.6	18.2	41.5	0.010	3 800	5 300	0.077
51207	35	62	18	51	46	1.0	39.2	78.2	0.033	2 800	4 000	0.210
51307	35	68	24	55	48	1.0	55.2	105.0	0.059	2 000	3 200	0.370
51407	35	80	32	62	53	1.0	86.8	155.0	0.130	1 700	2 600	0.760
51108	40	60	13	52	48	0.6	26.8	62.8	0.021	3 400	4 800	0.110
51208	40	68	19	57	51	1.0	47.0	98.2	0.050	2 400	3 600	0.260
51308	40	78	26	63	55	1.0	69.2	135.0	0.096	1 900	3 000	0.530
51408	40	90	36	70	60	1.0	112.0	205.0	0.220	1 500	2 200	1.060
51109	45	65	14	57	53	0.6	27.0	66.0	0.024	3 200	4 500	0.140
51209	45	73	20	62	56	1.0	47.8	105.0	0.059	2 200	3 400	0.300

续附表6

轴承代号	基本尺寸/mm			安装尺寸/mm			基本额定载荷/kN		最小载荷系数	极限转速 n /(r/min)		重量 /kg
	d	D	T	d_a(min)	D_a(max)	r_a(max)	C_a	C_{0a}	A	脂润滑	油润滑	
51309	45	85	28	69	61	1.0	75.8	150.0	0.130	1 700	2 600	0.660
51409	45	100	39	78	67	1.0	140.0	262.0	0.360	1 400	2 000	1.410
51110	50	70	14	62	58	0.6	27.2	69.2	0.027	3 000	4 300	0.150
51210	50	78	22	67	61	1.0	48.5	112.0	0.068	2 000	3 200	0.370
51310	50	95	31	77	68	1.0	96.5	202.0	0.210	1 600	2 400	0.920
51410	50	110	43	86	74	1.5	160.0	302.0	0.500	1 300	1 900	1.860
51111	55	78	16	69	64	0.6	33.8	89.2	0.043	2 800	4 000	0.220
51211	55	90	25	76	69	1.0	67.5	158.0	0.130	1 900	3 000	0.580
51311	55	105	35	85	75	1.0	115.0	242.0	0.310	1 500	2 200	1.280
51411	55	120	48	94	81	1.5	182.0	355.0	0.680	1 100	1 700	2.510
51112	60	85	17	75	70	1.0	40.2	108.0	0.063	2 600	3 800	0.270
51212	60	95	26	81	74	1.0	73.5	178.0	0.160	1 800	2 800	0.660
51312	60	110	35	90	80	1.0	118.0	262.0	0.350	1 400	2 000	1.370
51412	60	130	51	102	88	1.5	200.0	395.0	0.880	1 000	1 600	3.080
51113	65	90	18	80	75	1.0	40.5	112.0	0.070	2 400	3 600	0.310
51213	65	100	27	86	79	1.0	74.8	188.0	0.180	1 700	2 600	0.720
51313	65	115	36	95	85	1.0	115.0	262.0	0.380	1 300	1 900	1.480
51413	65	140	56	110	95	2.0	215.0	448.0	1.140	900	1 400	3.910
51114	70	95	18	85	80	1.0	40.8	115.0	0.078	2 200	3 400	0.330
51214	70	105	27	91	84	1.0	73.5	188.0	0.190	1 600	2 400	0.750
51314	70	125	40	103	92	1.0	148.0	340.0	0.600	1 200	1 800	1.980
51414	70	150	60	118	102	2.0	255.0	560.0	1.710	850	1 300	4.850
51115	75	100	19	90	85	1.0	48.2	140.0	0.110	2 000	3 200	0.380
51215	75	110	27	96	89	1.0	74.8	198.0	0.210	1 500	2 200	0.820
51315	75	135	44	111	99	1.5	162.0	380.0	0.770	1 100	1 700	2.580
51415	75	160	65	125	110	2.0	268.0	615.0	2.000	800	1 200	6.080
51116	80	105	19	95	90	1.0	48.5	145.0	0.120	1 900	3 000	0.400
51216	80	115	28	101	94	1.0	83.8	222.0	0.270	1 400	2 000	0.900
51316	80	140	44	116	104	1.5	160.0	380.0	0.810	1 000	1 600	2.690
51416	80	170	68	133	117	2.1	292.0	692.0	2.550	750	1 100	7.120
51117	85	110	19	100	95	1.0	49.2	150.0	0.130	1 800	2 800	0.420
51217	85	125	31	109	101	1.0	102.0	280.0	0.410	1 300	1 900	1.210
51317	85	150	49	124	111	1.5	208.0	495.0	1.280	950	1 500	3.470
51417	85	180	72	141	124	2.1	318.0	782.0	3.240	700	1 000	8.280

续附表6

轴承代号	基本尺寸/mm			安装尺寸/mm			基本额定载荷/kN		最小载荷系数	极限转速 n /(r/min)		重量 /kg
	d	D	T	d_a(min)	D_a(max)	r_a(max)	C_a	C_{0a}	A	脂润滑	油润滑	
51118	90	120	22	108	102	1.0	65.0	200.0	0.210	1 700	2 600	0.650
51218	90	135	35	117	108	1.0	115.0	315.0	0.520	1 200	1 800	1.650
51318	90	155	50	129	116	1.5	205.0	495.0	1.340	900	1 400	3.690
51418	90	190	77	149	131	2.1	325.0	825.0	3.710	670	950	9.860
51120	100	135	25	121	114	1.0	85.0	268.0	0.370	1 600	2 400	0.950
51220	100	150	38	130	120	1.0	132.0	375.0	0.750	1 100	1 700	2.210
51320	100	170	55	142	128	1.5	235.0	595.0	1.880	800	1 200	4.860
51420	100	210	85	165	145	2.5	400.0	1 080.0	6.170	600	850	13.300

二、润滑和密封

1. 润滑剂

附表7 工业闭式齿轮油的主要性质和用途

牌号	黏度等级（按 GB/T 3141）	40℃运动黏度 /(mm²/s)	黏度指数 ≥	闪点/℃ ≥	倾点 /℃	主要用途
L-CKB	100	90～110	90	180	−8	在轻载荷下运转的齿轮
	150	135～165	90	200	−8	
	220	198～242	90	200	−8	
	320	288～352	90	200	−8	
L-CKC	68	61.2～74.8	90	180	−8	在正常或中等恒定油温和重载荷下运转的齿轮
	100	90～110	90	180	−8	
	150	135～165	90	200	−8	
	220	198～242	90	200	−8	
	320	288～352	90	200	−8	
	460	414～506	90	200	−8	
	680	612～748	90	200	−5	
L-CKD	100	90～110	90	180	−8	在高的恒定油温和重载荷下运转的齿轮
	150	135～165	90	200	−8	
	220	198～242	90	200	−8	
	320	288～352	90	200	−8	
	460	414～506	90	200	−8	
	680	612～748	90	200	−5	

注：摘自 GB 5903—2011。

附表 8 常用润滑脂的主要性质和用途

名称	稠度等级(NLGI)	滴点/℃ ≥	工作锥入度(25℃,150 g) 1/10 mm	主要用途
钙基润滑脂(GB 491—1987)	1号	80	310～340	有耐水性能。用于工作温度低于55～60℃的各种工农业、交通运输机械设备的轴承润滑,特别是有水或潮湿处
	2号	85	265～295	
	3号	90	220～250	
	4号	95	175～205	
钠基润滑脂(GB 492—1989)	2号	160	265～295	不耐水。用于工作温度在－10～110℃的一般中负荷机械设备轴承润滑
	3号	160	220～250	
钙钠基脂(SH/T 0368—1992)	2号	120	250～290	用于工作温度在80～100℃、有水分或较潮湿环境中工作的机械润滑,多用于铁路机车、列车、小电动机、发电机滚动轴(温度较高者)润滑。不适于低温工作
	3号	135	200～240	
滚珠轴承脂(SH/T 0368—1992)	—	120	250～290	用于机车、汽车、电机及其他机械的滚动轴承润滑
石墨钙基脂(SH/T 0369—1992)	—	80	—	人字齿轮、起重机、挖掘机的底盘齿轮、矿山机械、绞车钢丝绳等高负荷、高压力、低速度的粗糙机械润滑及一般开式齿轮润滑。能耐潮湿
通用锂基润滑脂(GB 7324—1994)	1号	170	310～340	适用于－20～120℃宽温度范围内各种机械的滚动轴承、滑动轴承及其他摩擦部位的润滑
	2号	175	265～295	
	3号	180	220～250	

注:各种润滑脂的最高工作温度比其滴点低20～30℃。

2. 润滑装置

附表 9 直通式压注油杯(GB 1152—1989),mm

d	H	h	h_1	S	钢球(按 GB 308)
M6	13	8	6	8	3
M8×1	16	9	6.5	10	
M10×1	18	10	7	11	

标记示例:连接螺纹为M10×1,直通式注油杯的标记为:油杯 M10×1 GB 1152

附表 10　压配式压注油杯(GB 1155—1989),mm

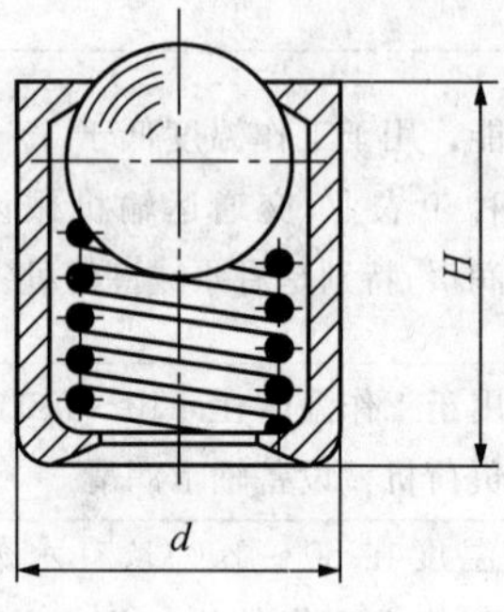

d		H	钢球(按 GB 308)
基本尺寸	极限偏差		
6	+0.040 +0.028	6	4
8	+0.049 +0.034	10	5
10	+0.058 +0.040	12	6
16	+0.063 +0.045	20	11
25	+0.085 +0.064	30	13

标记示例：$d=6$ mm,压配式注油杯的标记为：油杯 6 GB 1155。

附表 11　旋盖式油杯(JB/T 7940.3—1995),mm

最小容积/cm^3	d	l	H	h	h_1	d_1	D A型	D B型	L_{max}	S 基本尺寸	S 极限偏差
1.5	M8×1	8	14	2	7	3	16	18	33	10	0,−0.22
3	M10×1	8	15	2	8	4	20	22	35	13	0,−0.27
6	M10×1	8	17	2	8	4	26	28	40	13	0,−0.27
12	M14×1.5	12	20	3	10	5	32	34	47	18	0,−0.27
18	M14×1.5	12	22	3	10	5	36	40	50	18	0,−0.27
25	M14×1.5	12	24	3	10	5	41	44	55	18	0,−0.27
50	M16×1.5	12	30	4	10	5	51	54	70	21	0,−0.27
100	M16×1.5	12	28	5	10	5	68	68	85	21	0,−0.33
200	M24×1.5	16	48	6	16	6		86	105	30	0,−0.33

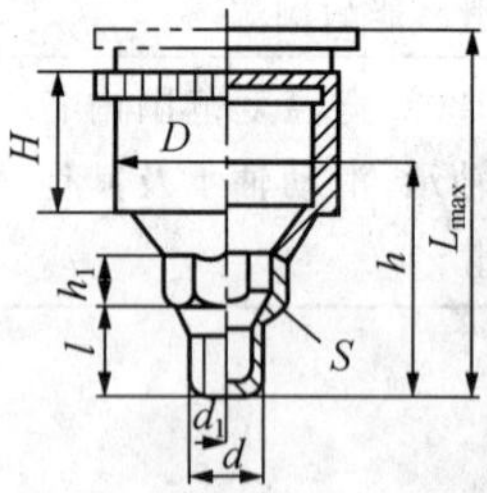

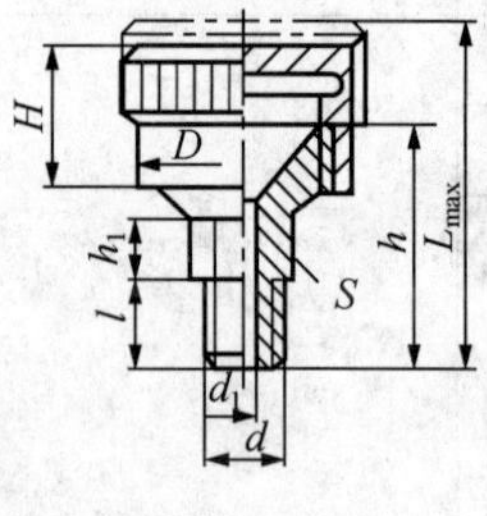

标记示例：最小容积 25 cm^3 A 型,标记为油杯 A25 JB/T 7940.3—1995。

3. 密封装置

附表 12　毡圈油封型式和尺寸(JB/ZQ 4606—1986),mm

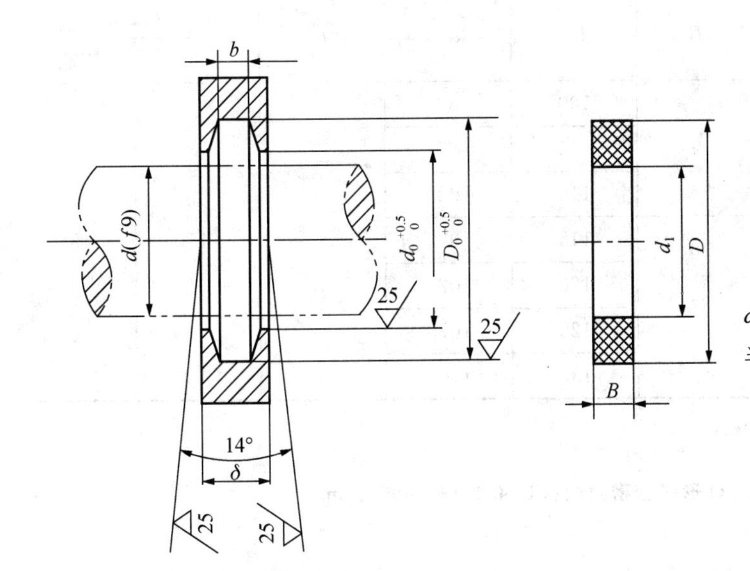

标记示例：

毡圈 40JB/ZQ 4606—1986，$d=40$ mm 的毡封油圈，材料：半粗羊毛毡。

d 公称轴径	毡圈			槽				
	D	d_1	B	D_0	d_0	b	δ_{min}	
							钢	铸铁
15	29	14	6	28	16	5	10	12
20	33	19		32	21			
25	39	24	7	38	26	6	12	15
30	45	29		44	31			
35	49	34		48	36			
40	53	39		52	41			
45	61	44	8	60	46	7		
50	69	49		68	51			
55	74	53		72	56			
60	80	58		78	61			
65	84	63		82	66			
70	90	68		88	71			
75	94	73		92	77			

续附表12

d 公称轴径	毡圈			槽				
	D	d_1	B	D_0	d_0	b	δ_{min}	
							钢	铸铁
80	102	78	9	100	82	8	15	18
85	107	83		105	87			
90	112	88		110	92			
95	117	93	10	115	97			
100	122	98		120	102			
105	127	103		125	107			
110	132	108		130	112			

注:本标准适用于线速度 $v<5$ m/s。

附表 13　O 形橡胶密封圈(GB3452.1—2005),mm

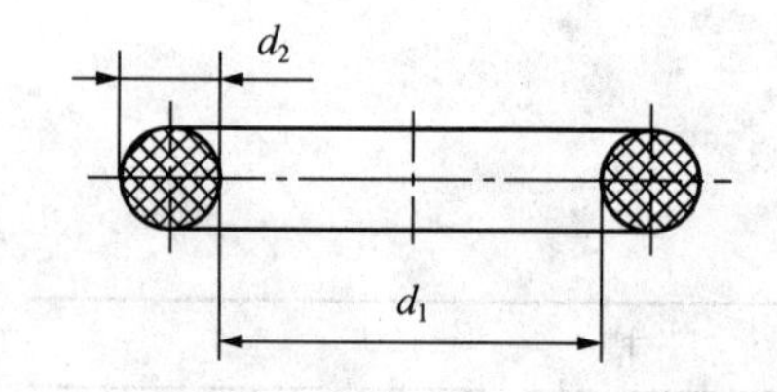

标记示例

O 形圈 40×3.55GB 3452.1—2005

O 形圈内径 d_1=40.0 mm,

截面直径 d_2=3.55 mm。

截面直径 d_2	2.65±0.09	3.55±0.10	5.30±0.13
内径系列 d_1	38.7,40.0,41.2,42.5,43.7,45.0,46.2,47.5,48.7,50.0,51.5, 53.0,54.5, 56.0,58.0,60.0,61.5,63.0,65.0,67.0,69.0,71.0, 73.0 ,75.0,77.5,80.0, 82.5,85.0,87.5,90.0,92.5,95.0,97.5, 100,103,106,109,112,115,118,122, 125,128,132,136,140, 145, 150,155,160		

注:d_1 的极限偏差 38.7～50.0 时为±0.30;51.5～80.0 时为±0.45,82.5～118 时为±0.65;122～160 时为±0.90。

附表 14　J 形和 U 形无骨架橡胶油封槽的尺寸,mm

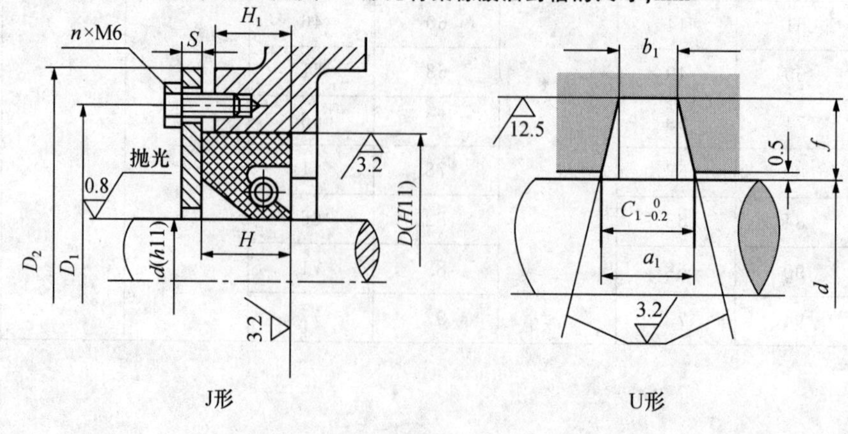

$D(h11)$	30～95	100～170	180～250
S	6～8	8～10	—
D_1	$=D+15$		
D_2	$=D_1+15$		
n	4	6	—
H_1	$=H-(1\sim2)$		
a_1	14	16	18
b_1	9.6	10.8	12
c_1	13.8	15.8	17.8
f	12.5	15	17.5

附表 15　J 形和 U 形无骨架橡胶油封(HG 4-338—1966，HG 4-339—1966)，mm

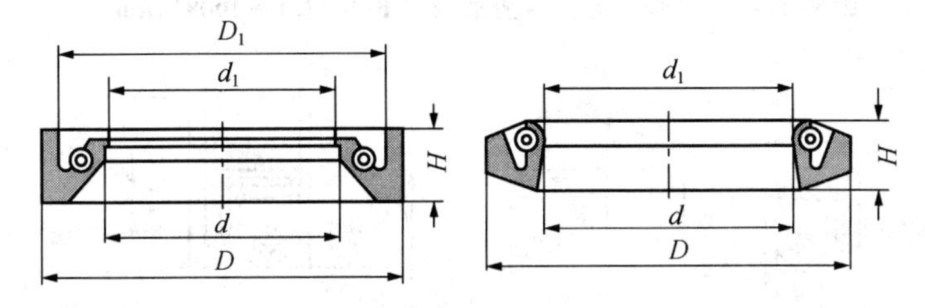

标记示例：

J 形油封 50×75×12 橡胶 I-1 HG4-338—1966

U 形油封 50×75×12.5 橡胶 I-1 HG4-339—1966

$d=50$ mm，$D=75$ mm，$H=12$ mm，材料为耐油橡胶Ⅰ-1 的 J 形无骨架橡胶油封

$d=50$ mm，$D=75$ mm，$H=12.5$ mm，材料为耐油橡胶Ⅰ-1 的 U 形无骨架橡胶油封

轴径 d_1	D_1	H		d_1	D_1
		J 形	U 形		
30	55	12	12.5	29	46
35	60			34	51
40	65			39	56
45	70			44	61
50	75			49	66
55	80			54	71
60	85			59	76
65	90			64	81
70	95			69	86
75	100			74	91
80	105			79	96
85	110			84	101
90	115			89	106
95	120			94	111

续附表15

轴径 d_1	D_1	H		d_1	D_1
		J形	U形		
100	130	16	14	99	120
110	140			109	130
120	150			119	140
130	160			129	150

注:1. J、U形无骨架橡胶油封由J、U形橡胶油封体和环状自紧弹簧Q/Z247－77组成,用来防止轴承及其他机械漏油;

2. U形油封用于剖分机座。

附表16 内包骨架唇形橡胶油封(GB 9877.1—2008),mm

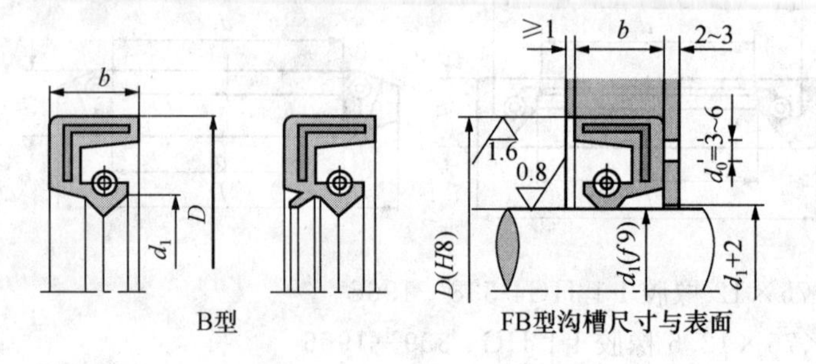

B型　　FB型沟槽尺寸与表面

标记示例:

(F)B 50 72 8×××

其中:"(F)B"—(有副唇)内包骨架旋转轴唇形密封圈;

"50"—$d_1=50$ mm;

"72"—$D=72$ mm;

"8"—$b=8$ mm;

"×"—胶种代号;

"××"—制造单位或代号。

d_1	D	b
16	(28)、30、(35)	7
18	30、35、(40)	
20	35、40、(45)	
22	35、40、47	
25	40、47、52	
28	40、47、52	
30	42、47、(50)、52	

续附表16

d_1	D	b
32	45、47、52	8
35	50、52、55	
38	55、58、62	
40	55、(60)、62	
42	55、62、(65)	
45	62、65、(70)	
50	68、(70)、72	
(52)	72、75、80	
55	72、(75)、80	
60	80、85、(90)	
65	85、90、(95)	10
70	90、95、(100)	
75	95、100	
80	100、(105)、110	
85	(105)、110、120	12
90	(110)、(115)、120	
95	120、(125)、(130)	
100	125、(130)、(140)	
(105)	130、140	
110	140、(150)	

注：1.括弧内尺寸尽量不采用。

2. 为便于拆卸密封圈，在壳体上应有 d_0 孔 3～4 个。

3. 在一般情况下(中速)采用胶种为 B—丙烯酸脂橡胶(ACM)。

附表 17　迷宫式密封槽　　mm

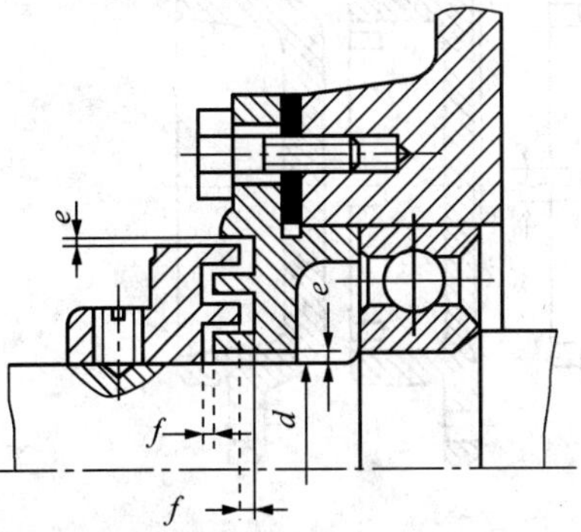

d	10～50	50～80	80～110	110～180
e	0.2	0.3	0.4	0.5
f	1	1.5	2	2.5

附表 18　油沟式密封槽(JB/ZQ 4245—2006),mm

轴径 d	25～80	＞80～120	＞120～180	＞180
R	1.5	2	2.5	3
t	4.5	6	7.5	9
b	4	5	6	7
d_1	$d_1=d+1$			
$a_{\min}$	$a_{\min}=nt+R$			

注:1. 表中 R、t、b 尺寸,在个别情况下,可用于与表中不相对应的轴径上;

2. 一般油沟数 $n=2$～4 个,使用 3 个的较多。

三、轴承盖与轴承套杯

附表 19　螺栓连接式轴承盖,mm

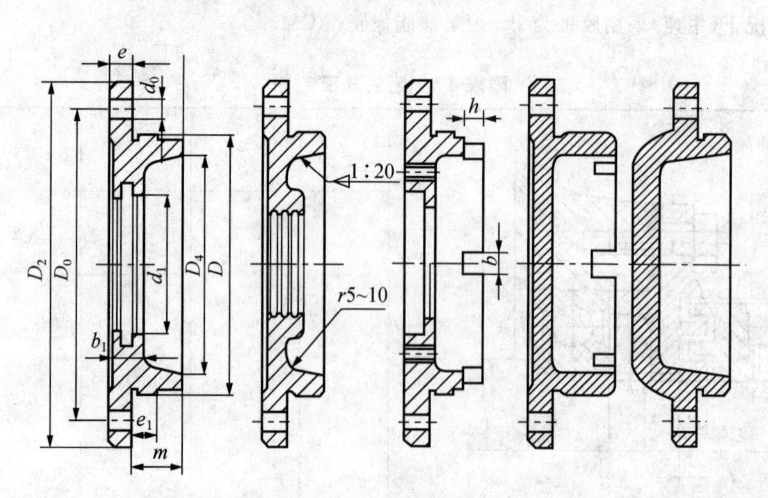

轴承外径 D	螺栓直径 d_3	端盖上螺栓数目
45～65	8	4
70～100	10	4
110～140	12	6
150～230	16	6

$d_0=d_3+1$ mm，d_3 为端盖连接螺栓直径

$D_0=D+2.5d_3$

$D_2=D_0+2.5d_3$

$e=1.2d_3$

$e_1\geqslant e$

m 由结构确定 $D_4=D-(10\sim15)$ mm

b_1、d_1 由密封尺寸确定 $b=5\sim10$ mm

$h=(0.8\sim1)b$

材料：HT150

附表 20　嵌入式轴承盖，mm

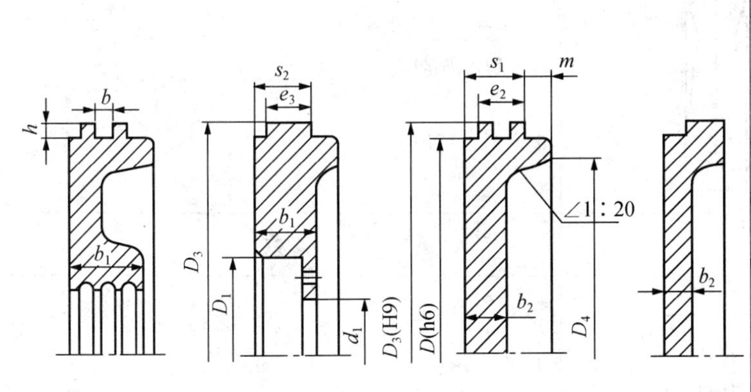

$s_1=15-20$

$s_2=10-15$

$e_2=8-12$

$e_3=5-8$

m 由结构确定。

$D_3=D-e_2$，装有 O 形密封圈的，按 O 形圈外径取整

$b_2=8\sim10$ mm

其余尺寸由密封尺寸确定

材料：HT150

附表 21　轴承套杯，mm

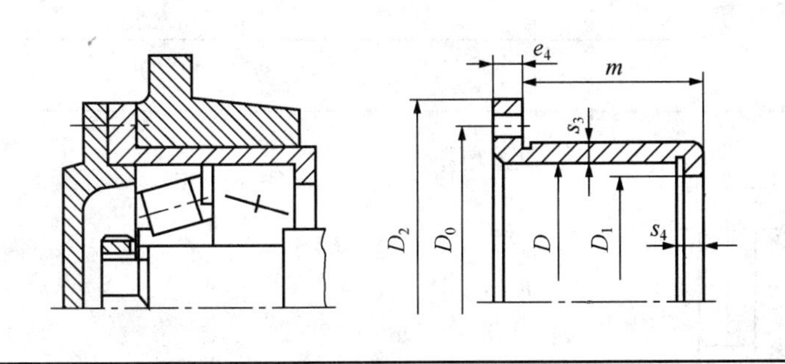

s_3、s_4、$e_4=7\sim12$

$D_0=D+2s_3+2.5d_3$

D_1 由轴承安装尺寸确定

$D_2=D_0+2.5d_3$

m 由结构尺寸确定

d_3 见表 6-14

材料：HT150

四、减速器的附件结构

1. 起吊装置

附表 22　起重吊耳和吊钩

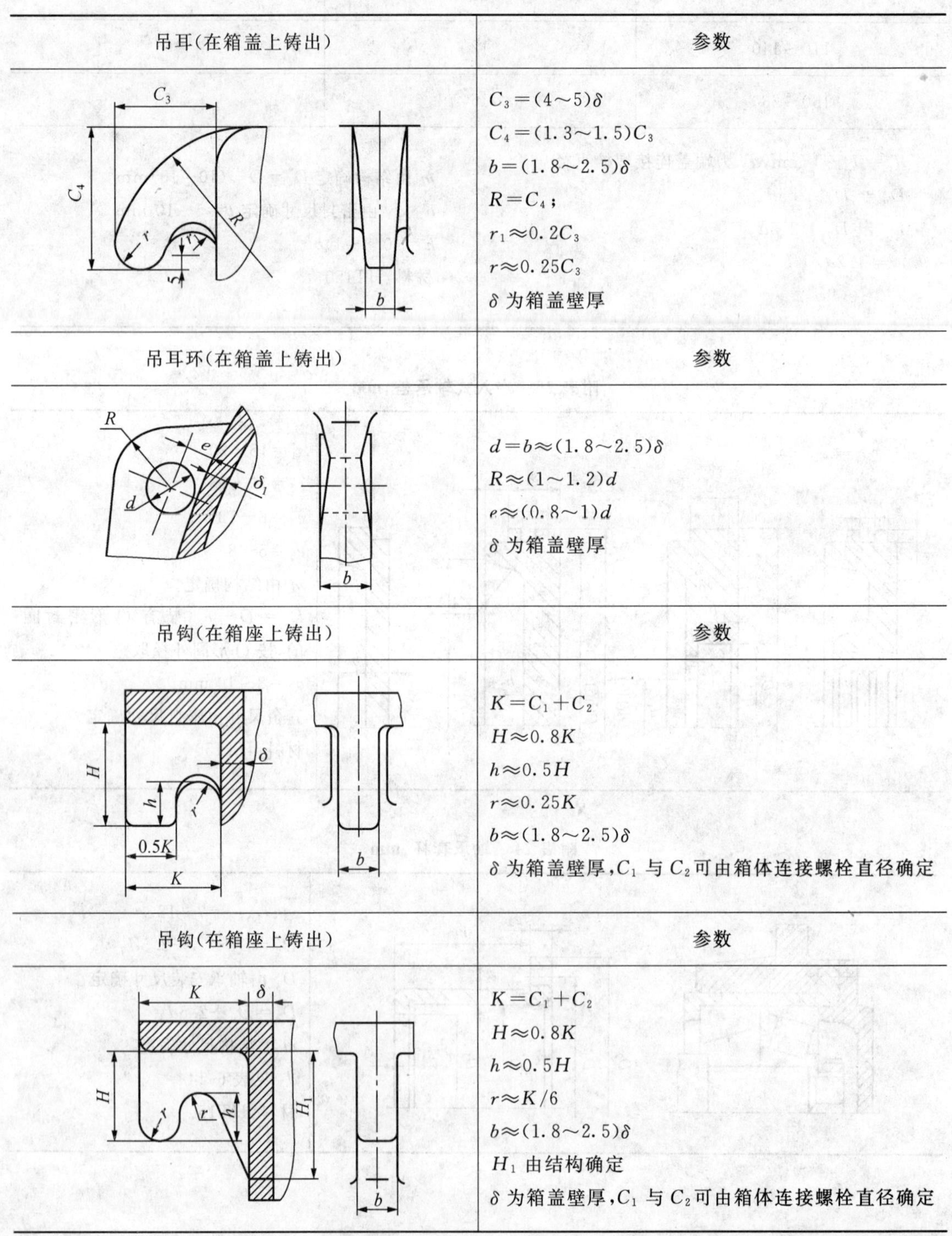

吊耳(在箱盖上铸出)	参数
	$C_3=(4\sim5)\delta$ $C_4=(1.3\sim1.5)C_3$ $b=(1.8\sim2.5)\delta$ $R=C_4$； $r_1\approx0.2C_3$ $r\approx0.25C_3$ δ 为箱盖壁厚
吊耳环(在箱盖上铸出)	**参数**
	$d=b\approx(1.8\sim2.5)\delta$ $R\approx(1\sim1.2)d$ $e\approx(0.8\sim1)d$ δ 为箱盖壁厚
吊钩(在箱座上铸出)	**参数**
	$K=C_1+C_2$ $H\approx0.8K$ $h\approx0.5H$ $r\approx0.25K$ $b\approx(1.8\sim2.5)\delta$ δ 为箱盖壁厚，C_1 与 C_2 可由箱体连接螺栓直径确定
吊钩(在箱座上铸出)	**参数**
	$K=C_1+C_2$ $H\approx0.8K$ $h\approx0.5H$ $r\approx K/6$ $b\approx(1.8\sim2.5)\delta$ H_1 由结构确定 δ 为箱盖壁厚，C_1 与 C_2 可由箱体连接螺栓直径确定

2. 通气器

附表 23　通气塞，mm

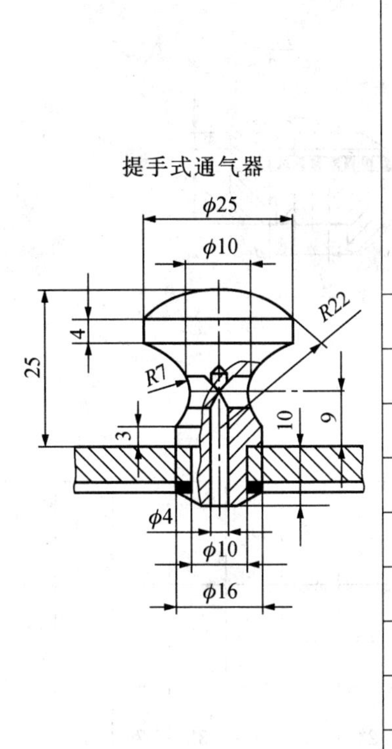

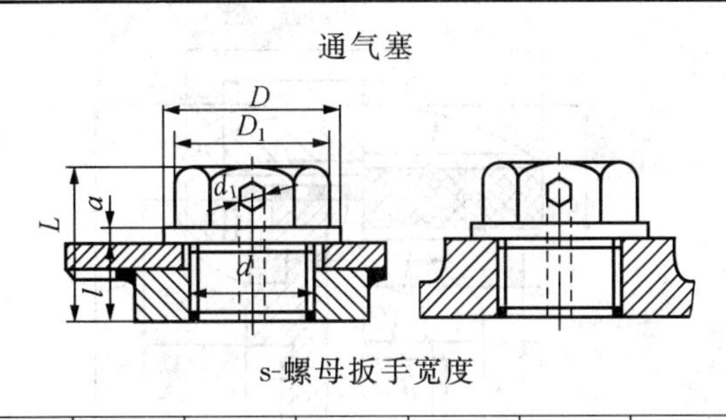

d	D	D_1	s	L	l	a	d_1
M12×1.25	18	16.5	14	19	10	2	4
M16×1.5	22	19.6	17	23	12	2	5
M16×1.5	30	25.4	22	28	15	4	6
M16×1.5	32	25.4	22	29	15	4	7
M16×1.5	38	31.2	27	34	18	4	8
M30×2	42	36.9	32	36	18	4	8
M33×2	45	36.9	32	38	20	4	8
M36×3	50	41.6	36	46	25	5	8

附表 24　通气帽，mm　　mm

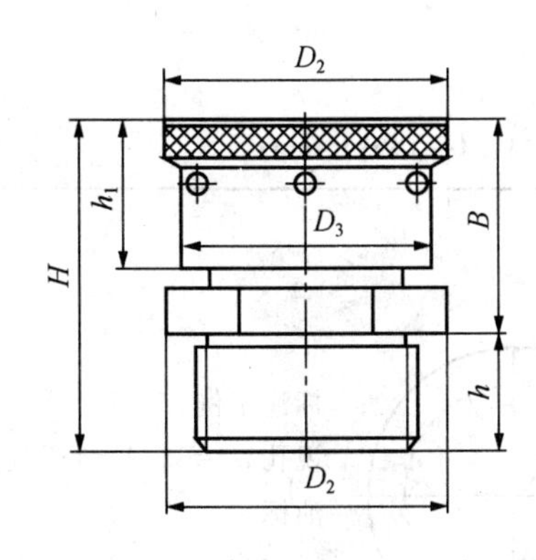

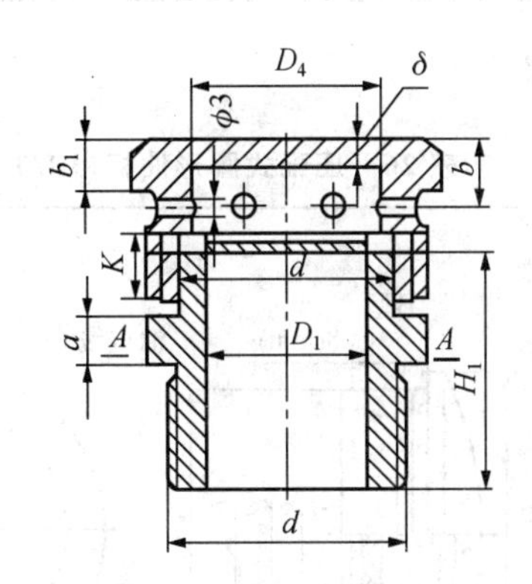

d	D_1	B	h	H	D_2	H_1	a	δ	K	b	h_1	b_1	D_3	D_4	L	孔数
M27×1.5	15	≈30	15	≈45	36	32	6	4	10	8	22	6	32	18	32	6
M36×2	20	≈40	20	≈60	48	42	8	4	12	11	29	8	42	24	41	6
M48×3	30	≈45	25	≈70	62	52	10	5	15	13	32	10	56	36	55	8

附表 25 通气罩 mm

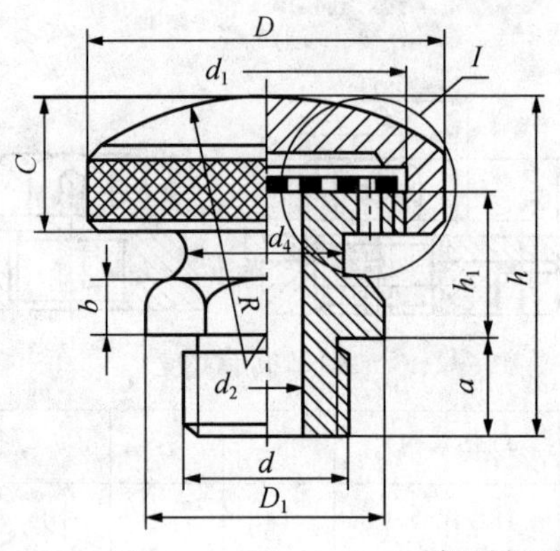

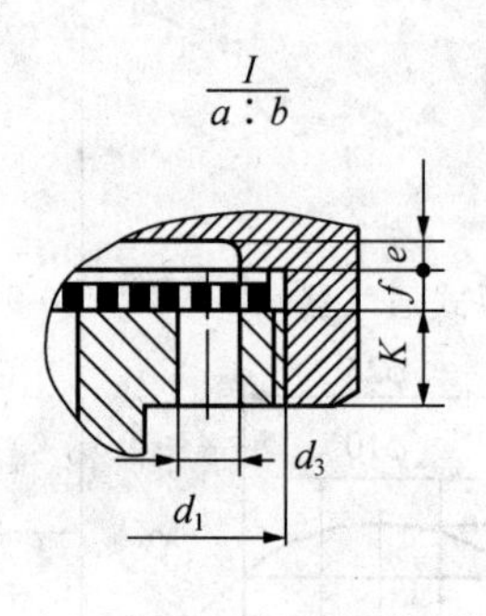

s-螺母扳手宽度

d	d_1	d_2	d_3	d_4	D	h	a	b	c	h_1	R	D_1	s	K	e	f
M18×1.5	M33×1.5	8	3	16	40	40	12	7	16	18	40	25.4	22	6	2	2
M27×1.5	M48×1.5	12	4	24	60	54	15	10	22	24	60	36.9	32	7	2	2
M36×1.5	M64×1.5	16	6	30	80	70	20	13	28	32	80	53.1	41	10	3	3

3. 油标、油尺

附表 26 压配式圆形油标(JB/T 7941.1—1995),mm

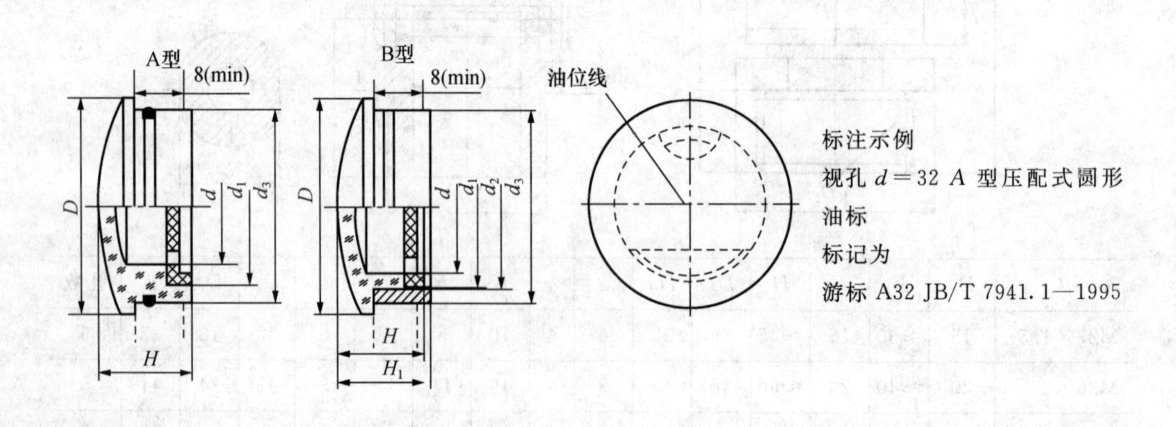

标注示例

视孔 $d=32$ A 型压配式圆形油标

标记为

游标 A32 JB/T 7941.1—1995

续附表 26

<table>
<tr><th rowspan="2">d</th><th rowspan="2">D</th><th colspan="2">d_1</th><th colspan="2">d_2</th><th colspan="2">d_3</th><th rowspan="2">H</th><th rowspan="2">H_1</th><th rowspan="2">O 形密封圈
(GB/T3452.1)</th></tr>
<tr><th>尺寸</th><th>偏差</th><th>尺寸</th><th>偏差</th><th>尺寸</th><th>偏差</th></tr>
<tr><td>12</td><td>22</td><td>12</td><td rowspan="2">−0.050
−0.160</td><td>17</td><td rowspan="2">−0.050
−0.160</td><td>20</td><td rowspan="2">−0.065
−0.195</td><td rowspan="2">14</td><td rowspan="2">16</td><td>15×2.65</td></tr>
<tr><td>16</td><td>27</td><td>18</td><td>22</td><td>25</td><td>20×2.65</td></tr>
<tr><td>20</td><td>34</td><td>22</td><td rowspan="2">−0.065
−0.195</td><td>28</td><td rowspan="2">−0.065
−0.195</td><td>32</td><td rowspan="3">−0.080
−0.240</td><td rowspan="2">16</td><td rowspan="2">18</td><td>25×3.55</td></tr>
<tr><td>25</td><td>40</td><td>28</td><td>34</td><td>38</td><td>31.5×3.55</td></tr>
<tr><td>32</td><td>48</td><td>35</td><td rowspan="2">−0.080
−0.240</td><td>41</td><td rowspan="2">−0.080
−0.240</td><td>45</td><td rowspan="2">18</td><td rowspan="2">20</td><td>48.7×3.55</td></tr>
<tr><td>40</td><td>58</td><td>45</td><td>51</td><td>55</td><td rowspan="3">−0.100
−0.290</td><td rowspan="3">—</td></tr>
<tr><td>50</td><td>70</td><td>55</td><td rowspan="2">−0.100
−0.290</td><td>61</td><td rowspan="2">−0.100
−0.290</td><td>65</td><td rowspan="2">22</td><td rowspan="2">24</td></tr>
<tr><td>63</td><td>85</td><td>70</td><td>76</td><td>80</td></tr>
</table>

附表 27 长形油标(GB 1161.1—1989),mm

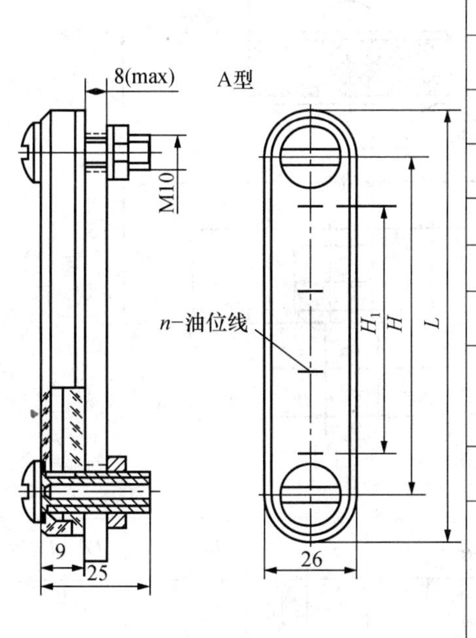

<table>
<tr><th colspan="2">H</th><th rowspan="2">H_1</th><th rowspan="2">L</th><th rowspan="2">n
(条数)</th></tr>
<tr><th>尺寸</th><th>偏差</th></tr>
<tr><td>80</td><td rowspan="2">±0.17</td><td>40</td><td>110</td><td>2</td></tr>
<tr><td>100</td><td>60</td><td>130</td><td>3</td></tr>
<tr><td>125</td><td rowspan="2">±0.20</td><td>80</td><td>155</td><td>4</td></tr>
<tr><td>160</td><td>120</td><td>190</td><td>6</td></tr>
</table>

O 形密封圈 (GB3452.1)	六角螺母 (GB6172)	弹性垫圈 (GB861)
10×2.62	M10	10

标记示例:

H=80,A 型长形油标的标记为:油标 A80 GB 1161.1—1989

注:B 型长形油标见 GB 1161.1—1989。

附表 28 管状油标(GB 1162—1989)

mm

A型

H	80 100 125 160 200
O形橡胶密封圈(按 GB 3452.1)	11.8×2.65
六角薄螺母(按 GB 6172)	M12
弹性垫圈(按 GB 861)	12

标记示例：

H=200，A型管状油标的标记为：

油标 A200 GB 1162—1989

注：B型管状油标尺寸见 GB 1162—1989。

附表 29 杆式油标

mm

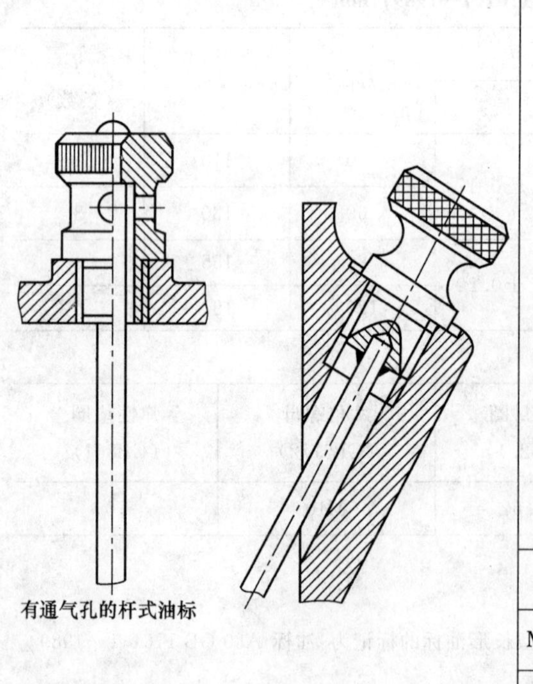

有通气孔的杆式油标

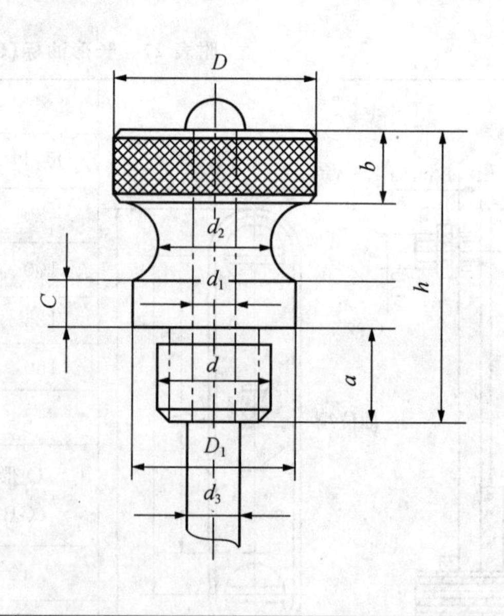

d	d_1	d_2	d_3	h	a	b	c	D	D_1
M12	4	12	6	28	10	6	4	20	16
M16	4	16	6	35	12	8	5	26	22
M20	6	20	8	42	15	10	6	32	26

4. 油塞、挡油环、甩油环

附表 30 外六角螺塞(JB/ZQ 4450—2006)、纸密封油圈(ZB 71—1962)、皮封油圈(ZB 70—1962)

mm

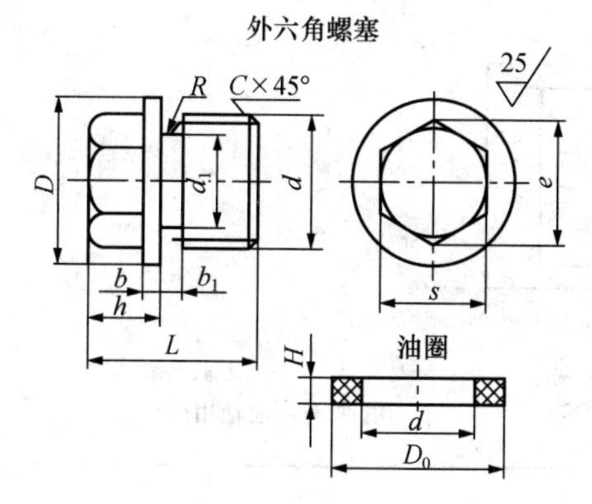

标记示例:

螺塞 M20×1.5 JB/ZQ 4450—2006

油圈 30×20 ZB 71—1962($D_0=30,d=20$ 的纸封油圈)

油圈 30×20 ZB 70—1962($D_0=30,d=20$ 的皮封油圈)

<table>
<tr><th rowspan="2">d</th><th rowspan="2">d_1</th><th rowspan="2">D</th><th rowspan="2">e</th><th rowspan="2">S</th><th rowspan="2">L</th><th rowspan="2">h</th><th rowspan="2">b</th><th rowspan="2">b_1</th><th rowspan="2">R</th><th rowspan="2">c</th><th rowspan="2">D_0</th><th colspan="2">H</th></tr>
<tr><th>纸圈</th><th>皮圈</th></tr>
<tr><td>M10×1</td><td>8.5</td><td>18</td><td>12.7</td><td>11</td><td>20</td><td>10</td><td rowspan="4">3</td><td rowspan="2">2</td><td rowspan="2">0.5</td><td>0.7</td><td>18</td><td rowspan="5">2</td><td rowspan="6">2</td></tr>
<tr><td>M12×1.25</td><td>10.2</td><td>22</td><td>15</td><td>13</td><td>24</td><td rowspan="2">12</td><td rowspan="4">1.0</td><td rowspan="2">22</td></tr>
<tr><td>M14×1.5</td><td>11.8</td><td>23</td><td>20.8</td><td>18</td><td>25</td><td rowspan="4">3</td><td rowspan="7">1</td></tr>
<tr><td>M18×1.5</td><td>15.8</td><td>28</td><td rowspan="2">24.2</td><td rowspan="2">21</td><td>27</td><td rowspan="3">15</td><td>25</td></tr>
<tr><td>M20×1.5</td><td>17.8</td><td>30</td><td>30</td><td rowspan="5">4</td><td>30</td></tr>
<tr><td>M22×1.5</td><td>19.8</td><td>32</td><td>27.7</td><td>24</td><td></td><td rowspan="4">1.5</td><td>32</td><td rowspan="4">3</td></tr>
<tr><td>M24×2</td><td>21</td><td>34</td><td>31.2</td><td>27</td><td>32</td><td>16</td><td rowspan="3">4</td><td>35</td><td rowspan="3">2.5</td></tr>
<tr><td>M27×2</td><td>24</td><td>38</td><td>34.6</td><td>30</td><td>35</td><td>17</td><td>40</td></tr>
<tr><td>M30×2</td><td>27</td><td>42</td><td>39.3</td><td>34</td><td>38</td><td>18</td><td>45</td></tr>
</table>

材料:纸封油圈-石棉橡胶纸;皮封油圈-工业用革;螺塞-Q235。

附表 31 甩油环、甩油盘

mm

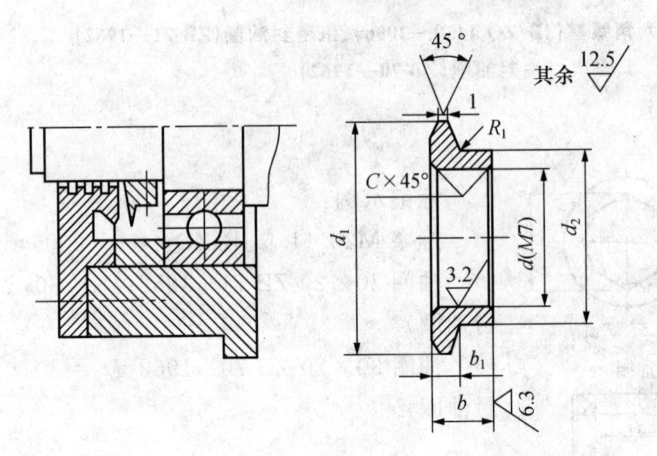

甩油环(高速轴用)

轴径 d	d_1	d_2	b	b_1	c
30	48	36	12	4	0.5
35	65	42			
40	75	50		5	
50	90	60			
55	100	65			1.0
65	115	80	15		
80	140	95	30	1	

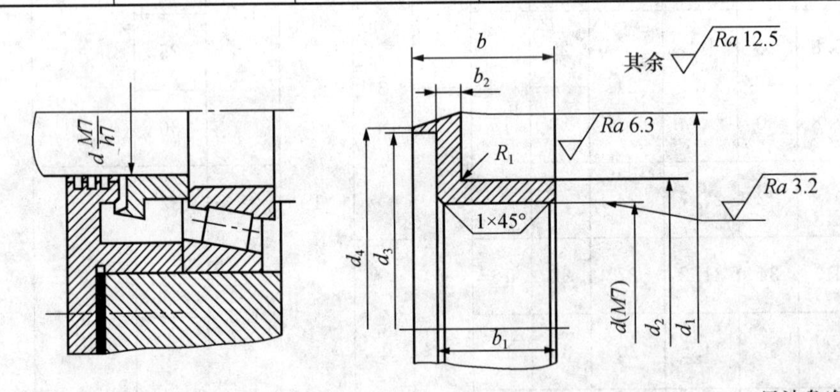

甩油盘(低速轴用)

轴径 d	d_1	d_2	d_3	d_4	b	b_1	b_2
45	80	55	70	72	32	20	5
60	105	72	90	92	42	28	7
75	130	90	115	118	38	25	
95	142	108	135	138	30	15	5
110	160	125	150	155	32	18	
120	180	135	165	170	38	24	7

五、Y 系列电动机

附表 32 Y 系列(IP44)三相异步电动机技术数据(摘自 GB/T 13957—2008)

型号	机座号	同步转速 /(r/min)	额定功率 /kW	额定转速 /(r/min)	额定电流 /A	满载时效率/%	功率因数 cosφ	最大转矩 (N·m)	重量 /kg
Y801-4	Y80	1 500	0.6	1 390	1.51	73.0	0.76	2.3	17
Y802-4	Y80	1 500	0.8	1 390	2.01	74.5	0.76	2.3	18
Y90S-4	Y90S	1 500	1.1	1 400	2.75	78.0	0.78	2.3	22
Y90L-4	Y90L	1 500	1.5	1 400	3.65	79.0	0.79	2.3	27
Y100L1-4	Y100L	1 500	2.2	1 430	5.03	81.0	0.82	2.3	34
Y100L2-4	Y100L	1 500	3.0	1 430	6.82	82.5	0.81	2.3	38
Y112M-4	Y112M	1 500	4.0	1 440	8.77	84.5	0.82	2.3	43
Y132S-4	Y132S	1 500	5.5	1 440	11.60	85.5	0.84	2.3	68
Y132M-4	Y132M	1 500	7.5	1 440	15.40	87.0	0.85	2.3	81
Y160M-4	Y160M	1 500	11.0	1 460	22.60	88.0	0.84	2.3	123
Y160L-4	Y160L	1 500	15.0	1 460	30.30	88.5	0.85	2.3	144
Y180M-4	Y180M	1 500	18.5	1 470	35.90	91.0	0.86	2.2	182
Y180L-4	Y180L	1 500	22.0	1 470	42.50	91.5	0.86	2.2	190
Y200L-4	Y200L	1 500	30.0	1 470	56.80	92.2	0.87	2.2	270
Y225S-4	Y225S	1 500	37.0	1 480	69.80	91.8	0.87	2.2	284
Y225M-4	Y225M	1 500	45.0	1 480	84.20	92.3	0.88	2.2	320
Y250M-4	Y250M	1 500	55.0	1 480	103.00	92.6	0.88	2.2	427
Y280S-4	Y280S	1 500	75.0	1 480	140.00	92.7	0.88	2.2	562
Y280M-4	Y280M	1 500	90.0	1 490	164.00	93.5	0.89	2.2	667
Y315S-4	Y315S	1 500	110.0	1 490	201.00	93.5	0.89	2.2	1 000
Y315M-4	Y315M	1 500	132.0	1 490	240.00	94.0	0.89	2.2	1 100
Y315L1-4	Y315L	1 500	160.0	1 490	289.00	94.5	0.89	2.2	1 160
Y315L2-4	Y315L	1 500	200.0	1 490	362.00	94.5	0.89	2.2	1 270
Y90S-6	Y90S	1 000	0.8	910	2.30	72.5	0.70	2.0	23
Y90L-6	Y90L	1 000	1.1	910	3.20	73.5	0.72	2.0	25
Y100L-6	Y100L	1 000	1.5	940	4.00	77.5	0.74	2.0	33
Y112M-6	Y112M	1 000	2.2	940	5.60	80.5	0.74	2.0	45
Y132S-6	Y132S	1 000	3.0	960	7.20	83.0	0.76	2.0	63

续附表32

型号	机座号	同步转速 /(r/min)	额定功率 /kW	额定转速 /(r/min)	额定电流 /A	满载时效率/%	功率因数 $\cos\varphi$	最大转矩 (N·m)	重量 /kg
Y132M1-6	Y132M	1 000	4.0	960	9.40	84.0	0.77	2.0	73
Y132M2-6	Y132M	1 000	5.5	960	12.60	85.3	0.78	2.0	84
Y160M-6	Y160M	1 000	7.5	970	17.00	86.0	0.78	2.0	119
Y160L-6	Y160L	1 000	11.0	970	24.60	87.0	0.78	2.0	147
Y180L-6	Y180L	1 000	15.0	970	31.60	89.5	0.81	2.0	195
Y200L1-6	Y200L	1 000	18.5	970	37.70	89.8	0.83	2.0	220
Y200L2-6	Y200L	1 000	22.0	970	44.60	90.2	0.83	2.0	250
Y225M-6	Y225M	1 000	30.0	980	59.50	90.2	0.85	2.0	292
Y250M-6	Y250M	1 000	37.0	980	72.00	90.8	0.86	2.0	408
Y280S-6	Y280S	1 000	45.0	980	85.40	92.0	0.87	2.0	536
Y280M-6	Y280M	1 000	55.0	980	104.90	91.6	0.87	2.0	595
Y315S-6	Y315S	1 000	75.0	990	141.00	92.8	0.87	2.0	990
Y315M-6	Y315M	1 000	90.0	990	169.00	93.2	0.87	2.0	1 080
Y315L1-6	Y315L	1 000	110.0	990	206.00	93.5	0.87	2.0	1 150
Y315L2-6	Y315L	1 000	132.0	990	246.00	93.8	0.87	2.0	1 210

六、参考图例

蜗轮蜗杆减速器 （附图 1）

二级圆柱减速器装配图 （附图 2）

圆锥圆柱齿轮减速器 （附图 3）

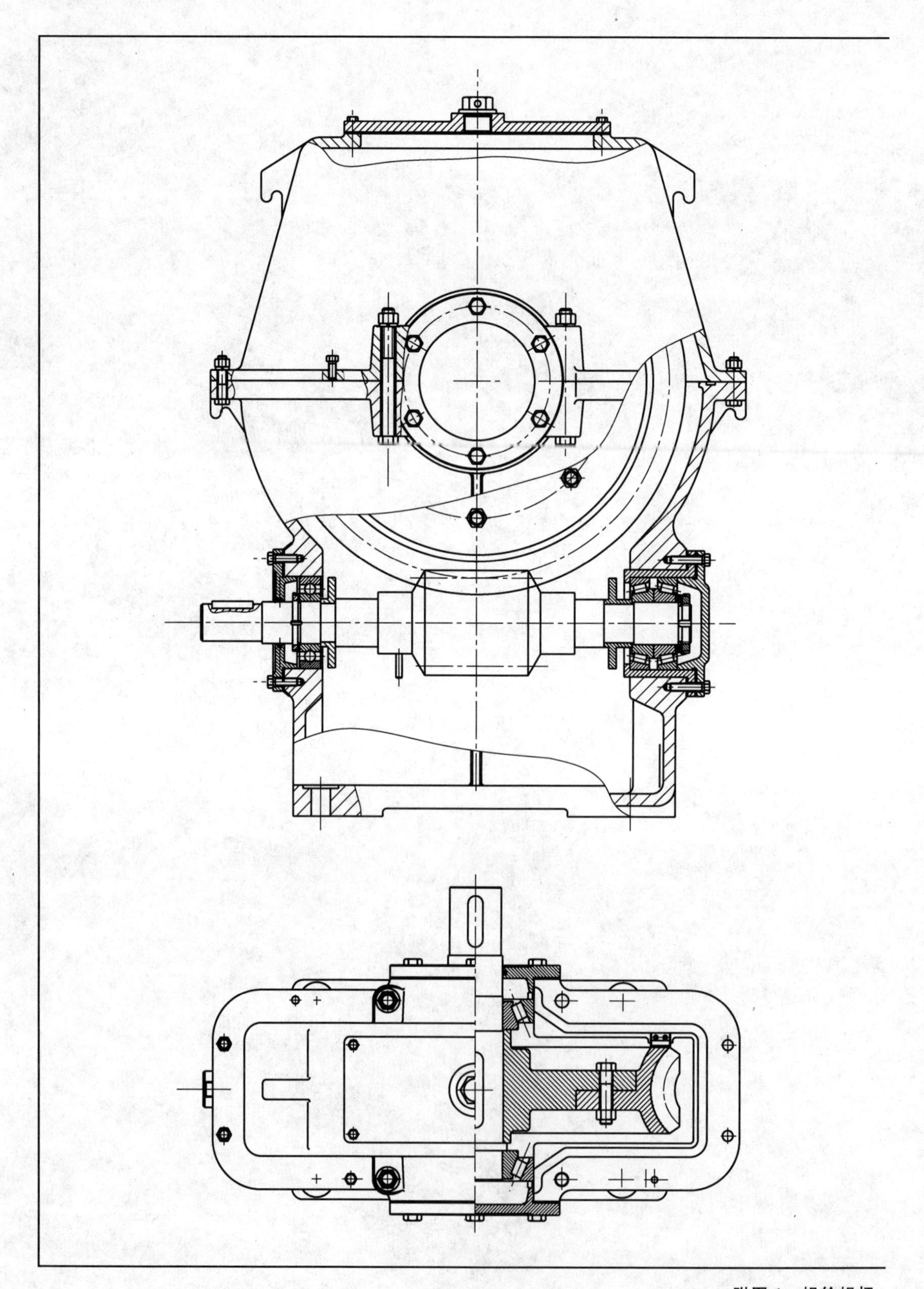

附图 1 蜗轮蜗杆

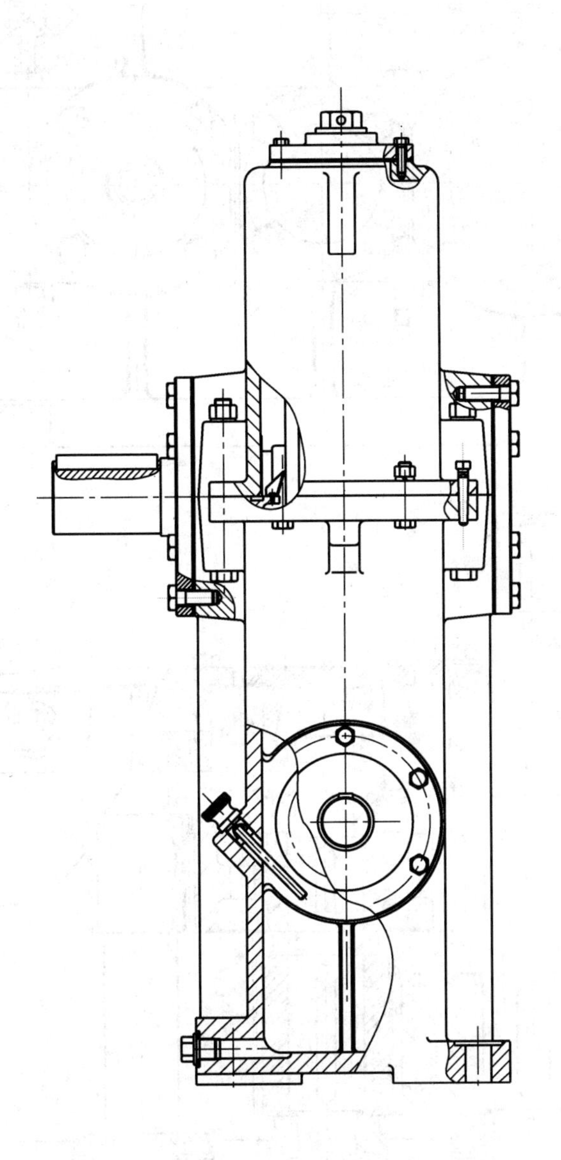

减速器

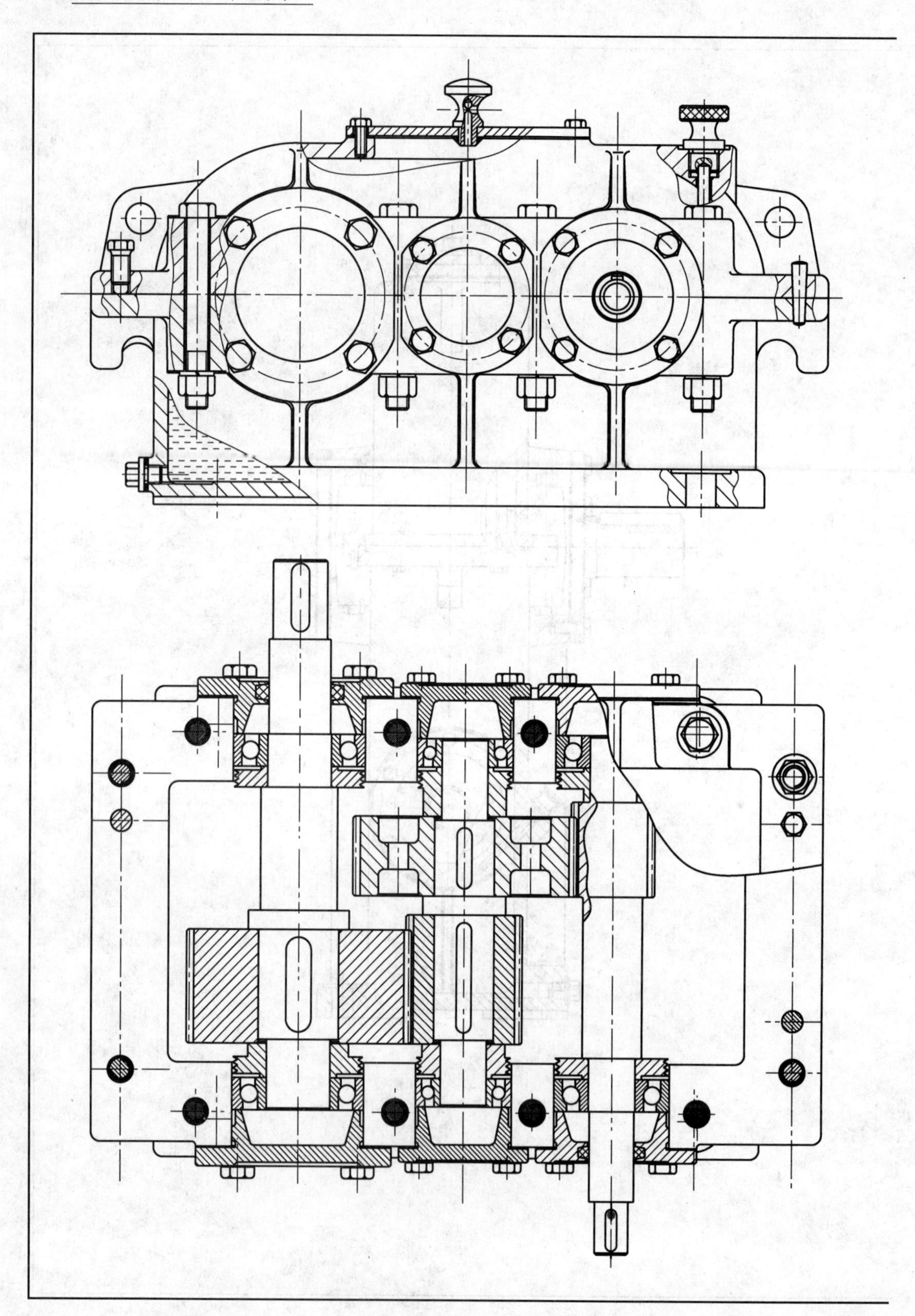

附图 2　二级圆柱

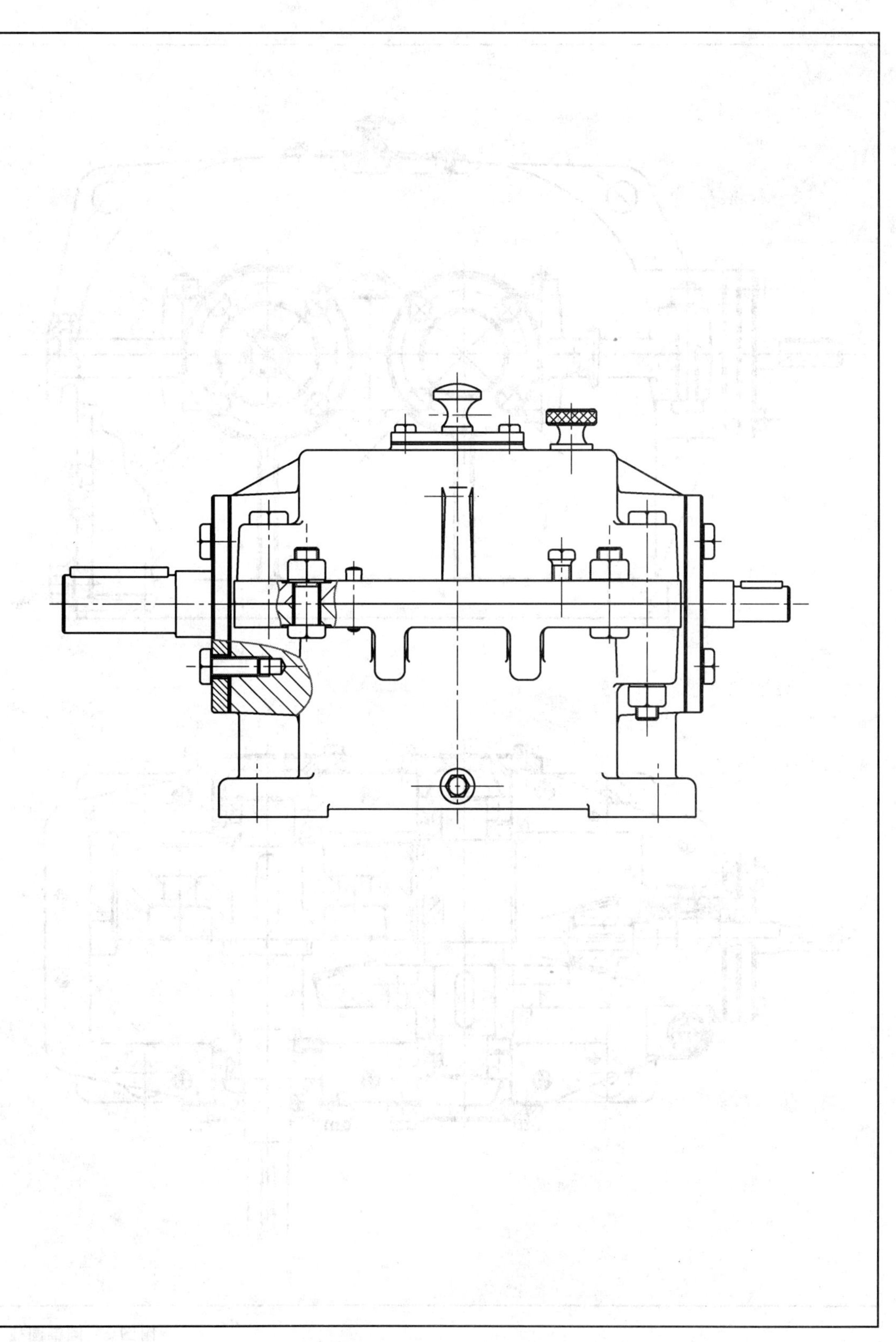

齿轮减速器

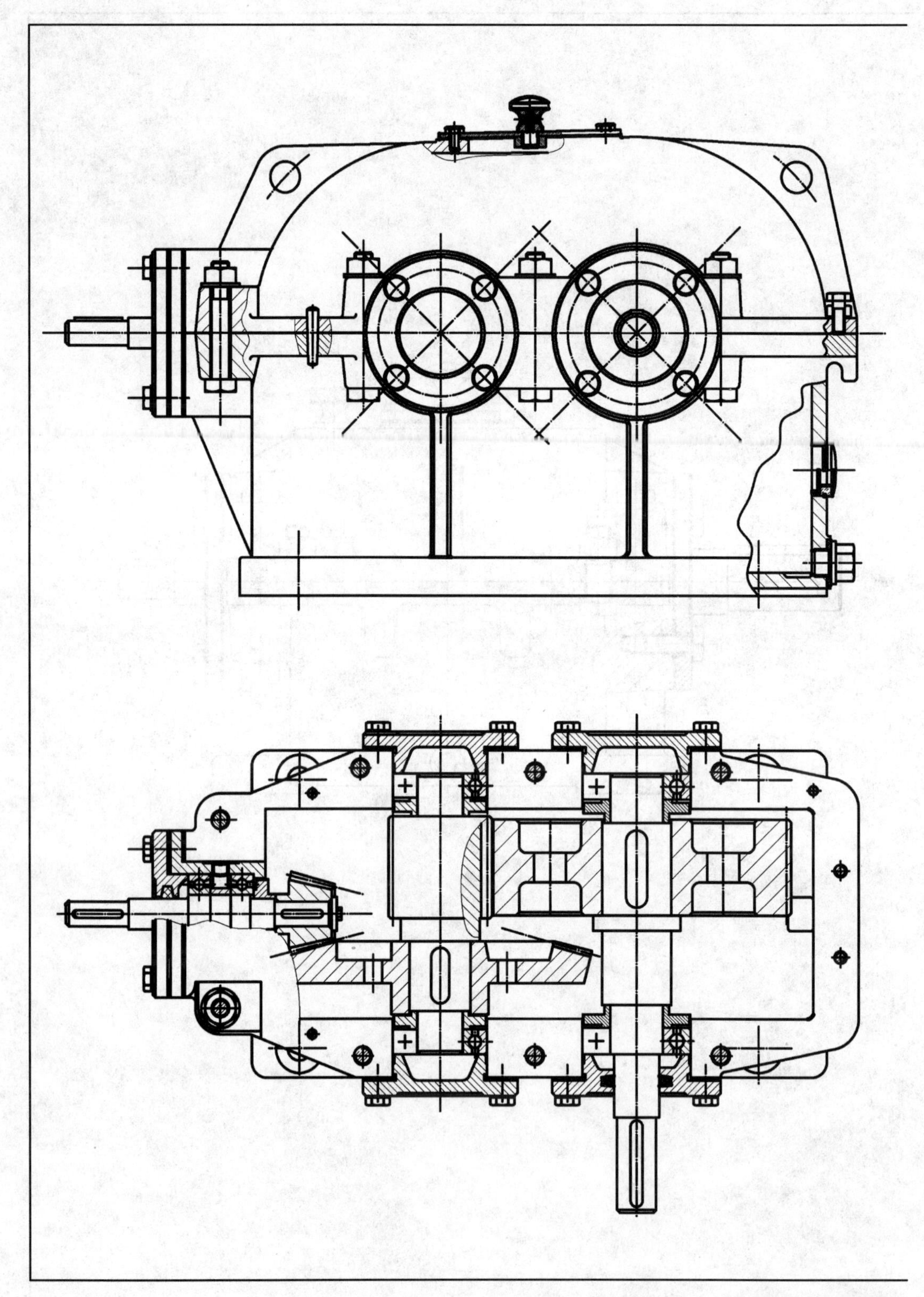

附图 3　圆锥圆柱

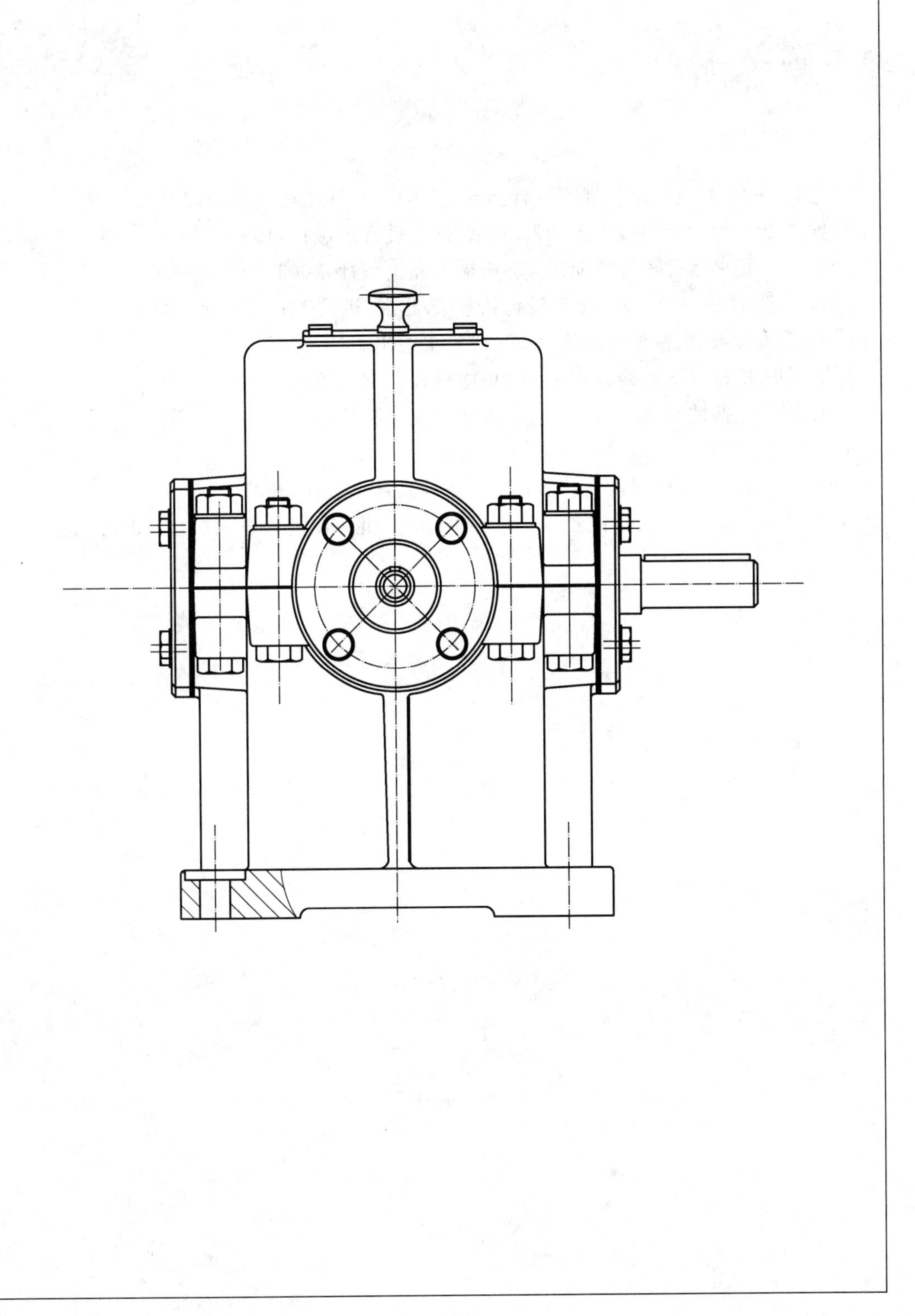

齿轮减速器

参考文献

[1]王旭,王积森.机械设计课程设计指导书.北京:机械工业出版社,2010.
[2]龚湝义.机械设计课程设计图册.北京:高等教育出版社,1989.
[3]吴宗泽.机械零件设计手册.北京:机械工业出版社,2003.
[4]邢琳,张秀芹. 机械设计课程设计指导书.北京:机械工业出版社,2010.
[5]刘莹,吴宗泽.机械设计教程.北京:机械工业出版社,2008.
[6]王利华.机械设计实践教程.武汉:华中科技大学出版社,2012.
[7]韩进宏.互换性与技术测量.北京:机械工业出版社,2012.
[8]吴宗泽. 机械设计.北京:高等教育出版社,2001.
[9]濮良贵,纪名刚.机械设计.7 版.北京:高等教育出版社,2001.
[10]王大康,等. 机械设计课程设计指导书.北京:北京工业大学出版社,2000.